成长力觉醒

培养逆商、精准努力、持续成长

墨墨子——著

中国铁道出版社有限公司
CHINA RAILWAY PUBLISHING HOUSE CO., LTD.

图书在版编目(CIP)数据

成长力觉醒：培养逆商、精准努力、持续成长 / 墨墨子著. -- 北京：中国铁道出版社有限公司, 2024.10.
ISBN 978-7-113-31531-3

Ⅰ. B848.4-49

中国国家版本馆 CIP 数据核字第 2024SC7386 号

书　　名：	成长力觉醒——培养逆商、精准努力、持续成长
	CHENGZHANGLI JUEXING：PEIYANG NISHANG，JINGZHUN NULI，CHIXU CHENGZHANG
作　　者：	墨墨子

责任编辑：	陈晓钟	电话：	(010)51873036
封面设计：	宿　萌		
责任校对：	刘　畅		
责任印制：	赵星辰		

出版发行：中国铁道出版社有限公司 (100054,北京市西城区右安门西街8号)
印　　刷：北京联兴盛业印刷股份有限公司
版　　次：2024年10月第1版　2024年10月第1次印刷
开　　本：880 mm×1 230 mm　1/32　印张：7.25　字数：180 千
书　　号：ISBN 978-7-113-31531-3
定　　价：68.00 元

版权所有　侵权必究

凡购买铁道版图书，如有印制质量问题，请与本社读者服务部联系调换。电话：(010)51873174
打击盗版举报电话：(010)63549461

序 言

你，就是自己的超级品牌经理人

你好，我亲爱的朋友。我是墨墨子，很高兴在这里遇见你。

让我猜猜你是怀着什么样的心情打开这本书的。或许你只是恰好想看一本书来打发时间，又恰好看到了它，于是你随手翻开了它；或许你现在正站在人生的十字路口，经历着长大的阵痛、迷茫，亟需从"成长""努力"这些看似有力量的词汇中汲取疗愈的力量；再或许我们已经认识很久了，但春有花，夏有荫，我们却难相见，于是你想在文字中看看我……

不管怎样，都要说声谢谢。谢谢你来文字里和我相见，也希望你能通过这本书看到并爱上自己。

如果你此时正在经历成长的阵痛，如果你总是被焦虑所裹挟，如果你深陷原生家庭的泥沼，如果你总是胆小、怯弱、自卑、敏感，如果你的工作、生活暂时陷入了瓶颈……我想这本书或许可以带给你一丝成长的力量,让你在重新认识、解构自己后,最终找到适合自己的成长方案。

我是一个出生在滇南边陲高寒山区的小村姑娘,去过最远的地方是跨过一座桥就能到的邻国越南,但庆幸童年看过的繁星远阔、天高云淡给了我心灵远行的力量。

我上的是一所普通大学,毕业后回到云南工作,既没进过大厂,也没去过大公司,不过还算走运地服务过一些大厂,参与过一些还不错的项目。

我做过新闻编辑,当过在线讲师,做过最久并且现在依旧在做的工作是品牌营销策划。我坚持最久的一件事是写作,虽然我大概率难靠写作功成名就,但我依旧毫无保留地热爱它。

我经历过两次创业,一次做品牌咨询设计,靠知识付费攒了一丁点儿积蓄。第二次,几乎只是一念闪过,我就决定花光所有积蓄在滇西四线小城开了一家独立设计师文创品牌店,设计师并不是我,而是我的合伙人,也是我的先生。

现在,我想借一点儿你的时间,和你聊聊我的第二次创业。

该怎么和你说这次经历呢?如果仅从单店营收来看,这是一桩从开始就注定失败的买卖,实体经营中的"人、货、场"稳定三角,在年轻人外溢的四线小城,"人"这个因素首先就失了先机,然后我们还固执地选择了几乎丧失主力消费人群的老城区作为扎根阵地,于是"场"的优势我们也不具备了。至于"货"呢?在文创还没成为大众商品的今天,再出圈的文创也终究很小众。

你可能困惑,既然注定失败,为什么我们还要去做呢?这个问题,我想留在本书的中间部分为你解答。

作为一名营销人,我深知任何企业和品牌都不可避免地要经历诞生、成长、成熟,直到最后衰亡,就像动植物逃不过生命周期一样,企业和品牌也有自己的生命周期。作为创业者,我当然希望自己辛苦孕育的"孩子"能够长久地活下去,但如果意外真的来临,我已经做好了从头再来的准备,并且蓄满了重新出发的勇气。

你看,我就是这样一个人:普通的出身,过着普通人的生活,喜欢折腾,取得过一些小成绩,也有一大堆失败的经历。这么多年过去了,我接受了自己的平凡普通,却依旧没有失去向上生长的力量。

我喜欢罗曼·罗兰那句"世界上只有一种英雄主义,就是看清生活的真相之后依然热爱生活"。现在的我正热烈地爱着生活,所以我也很喜欢爱着生活的自己,但你们想不到的是,青春期的我曾一度敏感、自卑,甚至陷入抑郁,进入职场后也曾迷茫、焦虑、失眠、脱发,我是如何走出自卑,摆脱焦虑的,本书会告诉你答案。

我知道,当深陷生活的沼泽时,很多人会抱怨,会愤怒,甚至会绝望,但抱怨、愤怒这些激烈的情绪能让生活变好吗?

答案显然是不能。既然如此,为什么我们要让自己一直处于心力交瘁的精神内耗中呢?只有翻过内心的那座山,走出精神内耗,生活才会有柳暗花明的另一番景象。很庆幸我终于越过了心中的那座大山,希望你在这本书中也能收获翻山越岭的勇气。

本书第一章"诊断"部分,我将和你一起重新认识、发现一个全新的自己。认识自己之后呢?生命永恒的主题,当然是成长。但请放心,在这本书中,我不会苦口婆心地给你灌输太多关于成长的大道理。

就像微信公众号那句广告语说的,"再小的个体,也有自己的品牌",你就是自己的超级品牌。所以,你得学会像品牌创始人或职业经理人一样,用"品牌思维"去经营管理"自己"这个超级品牌,把品牌成长方向始终攥在自己手里。

而我作为你的品牌咨询师,能为你做的就是帮你重新梳理、认识自己,为你提供一些品牌升级的思路和切实可行的方案,至于具体如何去实施,这是你需要完成的事。

所以,整本书除了第一章"诊断"外,还有"定位""策略""迭代""学习"四个篇章,五个部分共同构成了一个完整的品牌升级方案。

本书第二章主要从方向定位、目标定位、角色定位、个人升级等角度,探讨成长的不同阶段如何进行准确定位。

品牌升级中,"策略"是至关重要的一部分。本书第三章"策略"部分,我们将一起学习如何把品牌营销中的产品思维、品牌思维、营销思维、跨界思维等用在个人成长上,指导个人快速迭代成长。

本书第四章"迭代"部分和第五章"学习"部分,我们将从认知、学习等方面继续探讨持续成长的方法。

现在,让我们一起出发吧!一起用品牌管理的方式完成一次自我迭代之旅,努力找到属于自己的成长方案。

目 录

第一章 诊断：正视自己，击退焦虑 …… 001

正视自己：我来自农村，那又怎样 …… 002

承认平凡：触发人生二次成长开关 …… 007

接纳负面情绪：不必假装情绪稳定的成年人 …… 012

内观自己：你为什么总是很焦虑 …… 018

两个模型，发现一个全新的自己 …… 028

第二章 定位：锚定方向，精准努力 …… 035

方向定位：比起努力奔跑，更重要的是选对方向 …… 036

目标定位：为什么"目标"总是难以实现 …… 042

角色定位：四种策略帮我们划定自身影响力范围 …… 050

个人升级：进化三部曲，按下成长加速键 …… 057

重新定位：重来的人生也很酷 …… 065

实用工具：用商业画布，画出你的人生方向 ………… 073

第三章　策略：人人都需要的品牌思维 079

　　产品思维：做自己的人生经理人 ………………………… 080

　　品牌思维：为自己创造长期价值 ………………………… 090

　　营销思维：亲爱的，你值得被"看见" …………………… 099

　　故事思维：人人都需要的底层思考方式 ………………… 105

　　跨界思维：视角向外，你可能会有不一样的发现 ……… 114

　　品牌经理养成记：培养自己的多元思考力 ……………… 122

第四章　迭代：认知升级，迭代成长 129

　　勇于改变：用最小的代价闯出一条属于自己的路 ……… 130

　　专注：你缺的不是努力，而是专注力 …………………… 135

　　精进：如何成为一个专业很厉害的人 …………………… 144

　　自驱力：唤醒内心沉睡的巨人 …………………………… 153

　　精力管理：竞争环境下的核心能力 ……………………… 162

第五章　学习：终身学习，终身成长 173

　　离开校园后我最受益的成长秘籍 ………………………… 174

　　刻意学习：普通人的成长跃升之路 ……………………… 183

　　深度学习：跳出低水平努力怪圈 ………………………… 191

　　复盘：让你把经验化为能力 ……………………………… 200

　　学会这5个方法，让你行动力暴涨 ……………………… 209

写在后面的话　你看，这个冬天快过去了 218

第一章

诊断：正视自己，击退焦虑

我在农村长大，我不高不瘦；

我爱哭敏感，我平凡笨拙；

我曾被轻视，也曾抑郁焦虑；

但——那又怎样！

正视自己：我来自农村，那又怎样

我出生在偏远高寒山区，家中世代务农。但你一定想不到，整个青春时代我听到最多的一句话居然是"你不像农村长大的孩子"。

彼时，年少的我，还不知道这句话背后的含义。和很多山里的孩子一样，我的童年没有肯德基，没有麦当劳，没有芭比娃娃，也没有补习班；有的只是山间扑棱着翅膀的小鸟，田间跳跃的青蛙，以及同时兼任体育老师的美术老师。

12岁之前，滇东南深山中那座小小的村庄，大大的山野几乎就是我的整个世界，我在那里无拘无束地度过了整个幼年和童年阶段，这个阶段的我被亲友的爱包裹着……

小学毕业，我考入家乡县城一所重点中学。之后的日子，我努力学习，积极活跃于校内外各种竞赛活动中，走班串校，和老师、同学保持热络，毫不介意提及自己的家庭，行事张扬，就连受了伤也依然神采奕奕活跃在操场上,毫不在意周遭的目光。

如果你在校园里看到这样一个即便受伤依旧满脸堆满笑容的女孩,是不是也会觉得阳光明媚就是她的性格底色?但其实比起自信,那时的我更多的是敏感自卑。我努力保持成绩名列前茅,是因为我担心自己来自农村而被看轻;刻意营造出开朗自信的表象,也不过是因为害怕被忽略、被讨厌;就连一遍遍诉说自己的贫苦出身,也只是想以此为武器获得老师、同学的关注和同情……

年少的我,就这样小心翼翼地活在别人的目光和评价体系中,似乎只有被师长肯定、被同学喜爱,才能证明自己存在的意义。但越是在意别人的评价,越是想通过别人认可自己,内心就越加失序混乱。那时,我常常因为别人的一句夸奖沾沾自喜小半天;也会因为他人的一句评价、一个动作,甚至一个细微的表情就伤心难过好一阵。

进入高中后,我渐渐有了自己对这个世界独立的判断和自己内心真正喜爱的东西,但始终被强烈自卑感包裹着的我很难走出别人的评价体系,那个阶段的我变得更加拧巴敏感。有多拧巴呢?那时,我一心想成为一名记者,恨不得全世界都知道我这个梦想,但现实中,我却把自己一字一句写下的所有文字小心翼翼藏好,生怕被别人发现而梦碎。

再比如,有一段时间,我很痴迷国外经典文学作品,但因害怕被老师指责"不好好学习",忧心被同学冷言"装",我只敢在每周体育课自由活动时间,偷偷溜到图书馆看一会儿书。

类似的拧巴时刻还有许多,例如:我当时喜欢一个选秀出身的歌手,而周围的同学大多在追"周天王",我能坦言自己并不喜欢"周天王",却不敢大方把自己的歌单分享给同学,我担心同学会觉得我品位低;运动会上,我能充当啦啦队队长的角色,声嘶力竭地为同学呐喊助威,但每次拍集体照时,明明是小个子的我,却默默躲到最后排的角落里,生怕被别人看到……

我就这样在拧巴纠结中度过了自己的高中生活,因为心绪总是被外部环境影响,学习状态和学习成绩也如同我的心绪一样,总是忽高忽低、左右摇摆。在这样的高低摇摆中,我最终只考上了一所普普通通的大学。

不过改变就是从大学开始的,我的母校是一所极具包容性的学校,不同民族在这里齐聚,走在路上随处可见身着各式民族服饰的同学,大家来自天南地北,有着不同的饮食和生活习惯,但聚在一起时,也总能兼顾彼此的平衡点。

在大学,我读了自己最喜欢的新闻系,有了更多的时间去做自己热爱和擅长的事情,我可以看自己想看的书而不被他人指责"不务正业",我可以勇敢写作或演讲来表达自己,并收获他人的反馈。

此外,我还会在周末跨越半座城市去当为山区孩子募捐的志愿者,然后在一次次表达中,在那些或嫌弃鄙夷或真诚赞许的路人目光里,我渐渐明白了人不是活在别人眼中的,他人的任何期待、评价都无法否定你存在的价值。就像当志愿者这件事,有人觉得你善良温暖,有人会把你误当成骗子,但无论是哪种理解,都无法否定你所做事情的价值。

困扰我们的从来不是客观事实,而是主观解释。

我开始学习不再小心翼翼地活在别人的评价中,不去计较这样做究竟能不能得到别人的喜爱和支持,而是学会静下心来去思考。在这个过程中,我慢慢学会了正视并接纳自己。我虽在农村长大,但我有别人羡慕的温馨家庭;我没有见过所谓的大世面,但我看过很多人没看过的满天繁星;我年少时曾遭遇过他人的一些负面评价,但我深知这些糟糕的经历也是成长的一部分……

其实,我们任何人都无法选择自己天生的部分,无法决定人生的开场方式,更无法左右别人的看法,但我们可以听到自己的内心,选择自己想要的成长方向。这便是我成长觉醒的第一步:学会走出别人的目光,走进自己的内心,学会倾听并正视自己。

我是如何做到的呢？迈出第一步的勇气很大程度上是阅读、写作、做公益带给我的。

如果你也曾像我一样被误解、被轻视，一直活在别人的评价体系里，自卑敏感到无法直面自己，那希望我的经历可以给你一些参考。

1. 从阅读中获取力量

"书中自有黄金屋，书中自有颜如玉。"毫无疑问，阅读是治愈苦闷人生的一剂良药，只要翻开书本去阅读，或多或少都会有收获，你可以从阅读中得到启发，从而收获继续前行的力量。

2. 投入精力去做一件自己喜欢的事

运动、写作、演讲等，你可以选择任何一件自己热爱或擅长的事，每天为这件事花费一些时间。在自己的热爱里，你会忘掉很多烦恼，而你的热爱在未来的某一天也可能会让你闪闪发光。

3. 去见更大的世界，看更多的人

去更大的世界见更多的人，之后你会慢慢意识到，每个个体都是独一无二的存在，你不需要和别人相同，也不需要活成别人的期待，因为原本的你就很可爱。

承认平凡:触发人生二次成长开关

说到正视自己,最难做到的,恐怕就是正视自己的平凡。

承认平凡,似乎就等于承认了我这一生不过如此。平凡真的如此"不堪"吗?

作家周国平在一次讲座中谈及,人生有三次成长:

一是发现自己不再是世界的中心的时候;

二是发现再怎么努力,也无能为力的时候;

三是接受自己的平凡,并去享受平凡的时候。

这个观点我深以为然。年少时,我们或许都有登云步月的凌云壮志,以为自己手握主宰命运的完美剧本,但越长大,越会发现,生而为人,你我选中的大抵都是不带光环的平凡剧本。

你我皆凡人,人生有些高度是我们无论怎样努力都达不到的。既然如此,为什么不暂时放下对至高点的执念,脚踏实地去接近真正能达到的高度呢?

英国作家毛姆的自传体小说《人性的枷锁》中,主人公菲利普一直在为摆脱平凡而努力,最后却发现:只有坦然接受平凡,才不会被平凡所桎梏。

年轻时,菲利普梦想成为一名艺术家,为此他远赴巴黎学画,并潜心练习,但结果是他的画作始终得不到认可。菲利普请求画家为自己指点迷津,画家却让他另寻出路。画家说:"好不容易发现了自己的平庸,却发现为时已晚,这才是最残忍的事啊。"与此同时,在看到太多身边追求艺术的人失败后,菲利普接受了自己没有艺术天赋的事实,放弃画画,改学医学。

看到这里,你可能会说:"如果他坚持不放弃呢,说不定有一天也可以成为画家,很多伟大的画家不也曾荆棘载途吗?"也许吧。

小说最后,菲利普带着他同样平凡的妻子,到了一个小岛,开始了平凡的生活。

回看我们,和菲利普何其相像?总想光彩熠熠,却又处处碰壁。我们不甘平凡,但有时候,只有坦然接受平凡,生活才可能向着更好的方向发展,不是吗?

成年后,我发现几乎自己的每次跨越式成长都是从接受平凡开始的。

就拿写作这件事来说,八岁那年我就在日记本上歪歪扭扭写下了当作家的梦想,但比起那些抱椠怀铅、笔耕不辍的写作者,我为自己的梦想付出的实际行动并不算多。

关于写作,此前很多年,我虽偶尔写下自己的所思所想,但一直没尝试投稿、发表,所以我的作家梦一直停留在梦想阶段。

2016年,初入职场的我误打误撞开始接触新媒体写作,可能是因为运气还不错,第一篇新媒体文就得到了"洞见"的转载,之后又顺利和"读者""富书"等大号签约,为数不多的投稿也几乎是所投必中。还算顺利的开局,加之身边一直有人鼓励说"你有写作的天赋",我竟然天真地以为自己在写作上或许还是有些才气的。

很快,现实就给我狠狠上了一课。

瞬息万变的信息时代,在"大神"云集的写作圈,不求上进的我很快就被同行甩出了老远。当我还在纠结于这个热点要不要追的时候,很多同行的作者,已经通过持续不断的输出积累了大量读者,走向了更高的平台,成为写作教练或畅销书作家。

就像一只树懒误入蜜蜂营,当被扎得千疮百孔后,我才幡然醒悟——我在写作上那点儿不值一提的灵气,和天赋还隔着十万八千里,本质上我只是一个平凡到不能再平凡的创作者而已。

意识到自己的平凡之后,我曾迷茫过一段时间,整天用追剧、看小说来麻痹自己。也是在这个过程中,我慢慢学会了接受自己的平凡。就像演员一样,有人天生对角色有超强的感知力和驾驭能力,但也有人资质平平,需要通过不断历练和打磨演技才能让观众信服其所扮演的角色。如果既没有天赋,又不认真打磨演技,那留给观众的就只剩折磨了。

青年作家刘同说:"让梦想成长的方法是醒过来。"正视自己的平凡后,我明白了能让自己作家梦开花结果的唯一途径,是刻意练习,不断内化提升自己,并持续不断坚持输出。所以,从那个时候开始,无论再忙,我每天至少会腾出 1~2 小时阅读、写作。积年累月的坚持,才有了这本书,有了你们现在所看到的这些文字。

从意识到自己平凡,到承认平凡,这个过程是痛苦的。但就像心理学家荣格说的,没有一种觉醒是不带着痛苦的。承认平凡的背后,是一种看清自身能力边界的成长觉醒,它能成功触发我们人生二次成长的开关。

人人都向往超能力,但事实上每个人当下的能力都是有边界的。巴菲特一直坚守的价值投资第一原则——"能力圈"原则,说的就是投资者应该在自己熟悉的领域寻找投资机会,不要觊觎能力圈之外的投资机会。

但能力圈是可以扩大的。每个人当下能力圈的范围大小,是由现有知识决定的,要想扩大自己的能力圈,就需要不断向外探索,走出舒适圈刻意学习,持续提升自己的专业知识和能力。而这个探索和学习的过程,就是我们再次成长的开始。

直面自身局限,才可能不断突破自己的局限。至于如何突破自己的局限,如何走出舒适圈刻意学习,我们会在第五章详细介绍。

接纳负面情绪：不必假装情绪稳定的成年人

很多人说情绪自由，什么是情绪自由？在成长过程中，明白他人的喜怒与自己无关，即使被讨厌，自己的世界也可以自由运转，别人的情绪很难影响到自己，我认为这就是情绪自由。

其实，所谓情绪自由，不就是范仲淹先生那句"不以物喜，不以己悲"吗？不因外物的好坏和自己的得失而感到欢愉和悲伤，这是古仁人豁达的胸襟和智慧。但对于普通人而言，达到这种境界并非易事。

人有七情六欲，喜、怒、哀、惧、爱、恶、欲都是常态，我们却本能拥抱快乐，抵抗悲伤；嘲弄消极，赞美乐观。明明所有情绪都产生于自身，偏偏习惯把愤怒、悲伤、嫉妒等这些负面情绪当作怪兽，以逃避、拒绝来抗击。

事实上，所有情绪都是藏不住的，很多情绪你越对抗，它越滋长。就像一个很多人都有过的经历，考试时越是想要自己不紧张,反而愈加紧张。从心理学上讲,这是因为我们陷入了反刍思维怪圈。

动物进食后把没消化完的食物返回嘴里再次咀嚼可以促进消化,但人的消极情绪如果被反复"咀嚼",负面情绪就会不断被强化,进而把我们拉入更深的情绪旋涡中。

刚工作时,因为过分迷信做个情绪稳定的体面成年人,我曾一度陷入反刍怪圈。从小就是"泪失禁体质"的我,泪点特别低,常常会泪流满面,看书、看剧总是主角没哭我先哭,激动了会哭,难过了会哭,甚至高兴了也会哭。

初入职场,为了给自己塑造一个成熟稳重的形象,我极力压抑自己的本能情绪,即便遇到再糟糕的事情,也假装云淡风轻,不哭、不吵、不怨,极力"扮演"好一个情绪稳定的成年人角色。

但是,那些被压制的情绪小怪兽,总是会在深夜复苏,轻而易举击溃我平日的精心伪装,我试图用力和那些情绪小怪兽对抗,但总感觉无能为力,继而整个人又陷入深深的愧疚、自责中。就这样循环往复,我不仅没变成体面优雅的成年人,还变得越来越不快乐了。

事实证明,隐藏和压制情绪并不会让情绪变好。

真正的情绪自由,是允许自己情绪不稳定。在成年人的世界里,比起情绪稳定,更重要的是学会接纳和管理自己的情绪。

如何放弃抗争和负面情绪和解呢？以下是我亲测有效的方法。

1. 察觉并标注自身情绪

和情绪和解，首先要学会察觉、识别自己的情绪，并且学会用具体的语言细致、准确地描述自己当时的感受，给情绪做标注。

你可能会觉得，这看起来真是多此一举，生气就是生气，难过就是难过，为何还要去细致描述。事实上，很多时候我们察觉到情绪后是无法准确表达真实感受的。

比如当受到批评指责之后，你第一反应可能是羞愧，但很快你可能会觉得愤怒，因为有些时候对方指责你的理由并不客观，你很难认同。

心理学上把人的情感分为两个层面，一是展示的情感，二是潜在的情感。展示的情感，顾名思义就是能被外在看到、听到的情感；潜在的情感，即驱动行为的情感。标注情绪的好处就在于能让我们清楚自己的潜在情感，清楚自己到底经历了什么，继而理性分析问题，在此基础上找到解决方案"对症下药"，而不是一味地生气抱怨，消耗自己的能量。

至于怎么标注，最简单的方式就是写情绪日记，情绪日记的写法并没有固定模板，你只需要在情绪发生后，如实记录下面这几方面的内容即可：

（1）当时发生了什么事情？你感受到了什么情绪？

(2)你为什么会产生这种情绪?是否有深层次原因?

(3)经历了这样的事情和情绪后,你真正想要的到底是什么?

(4)在目前阶段,用什么方法处理类似的事情可以让你满意?

察觉、标注情绪的过程中,不管当时你有怎样的念头或情绪,都要刻意练习不去评判它,只是真实描述自己当下的感受即可。从人类进化的角度来说,情绪本身并没有好坏之分,每种情绪都有它独特的功能和价值。

2. 清楚每种情绪的独特功能

迪士尼动画电影《头脑特工队》中,主人公莱莉的大脑"司令部"中住着乐乐、怕怕、怒怒、厌厌和忧忧五个情绪小人,它们共同影响着莱莉的行为。

五个情绪小人中乐乐占主导地位,它想方设法想让莱莉开心,但随着剧情推进,我们发现,一味地快乐并不能解决所有问题。《头脑特工队》中每个情绪小人都有自己独特的使命,怕怕负责让莱莉远离危险,怒怒总能积极为她争取公平公正,厌厌可以帮助莱莉的身心免受伤害。

整部影片传递给我们的是一个关于成长的启示:每种情绪都有自己特有的功能,只有接纳每一种情绪,你才可以拥抱更好的自己。

情绪没有好坏之分,关键在于你的真实需求是否被察觉、被满足。当我们的需求被满足时，往往会感到轻松愉悦，而那些所谓的"负面情绪"，背后其实都藏着没被你重视、满足的需求，比如愤怒的背后藏着自尊、自爱的力量，嫉妒告诉你内心的渴望，迷茫孕育着新的希望，悲伤暗藏着疗愈和安慰……当你处于巨大的情绪旋涡时，不要忙着自责、内疚，也不要想着逃避，静下心来仔细听听内心的声音，然后思考如何用行动去化解这些情绪，满足情绪背后的需求。

3."情绪 ABC 管理法"

尝试了上面两种方法，如果你还是觉得管理不好自己易燃易爆的小情绪，不妨试试"情绪 ABC 管理法"，其理论依据如图 1-1 所示。

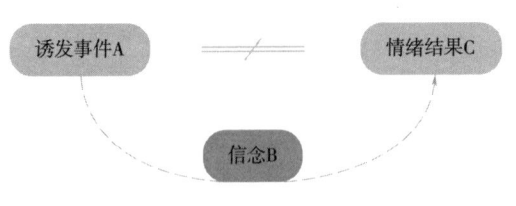

图 1-1　情绪 ABC 理论

心理学家阿尔伯特·埃利斯提出的情绪 ABC 理论认为，让人产生情绪困扰的不是事物本身，而是人们对事物的不合理信念。

情绪 ABC 理论中，A (activating event) 为诱发事件本身；B

(belief)为对事件 A 产生的评价和看法;C(consequence)为最终呈现的情绪和行为结果。

通常我们会认为是事件 A 直接导致了结果 C,比如今天工作真多,好烦啊。

这看起来似乎没有任何毛病,但其实"工作多"这个事件 A,并不会直接造成"好烦啊"这个结果 C,之所以觉得烦,是我们主观上把工作当成了一件绝对不开心的事,但真的如此吗?很多时候为工作辛苦付出难道不会有所收获吗?

现在,我们重整认知,转变信念 B 为"工作多,意味着收获多",那我们得到的结果 C 就会变成"今天好充实啊"。

你看,同样一件事,不同的看法呈现出来的是截然不同的情绪反应。坚持练习情绪 ABC 管理法,会让你的生活少很多烦恼。

总结一下,表达负面情绪是人的本能,不必假装自己是情绪稳定的成年人,真正的情绪自由是允许自己偶尔情绪不稳定的,只有接纳自己的所有情绪,才能更好地管理情绪。

内观自己：你为什么总是很焦虑

你焦虑吗？

我先说我的答案：有点。你的答案是否也和我一样呢？

选择焦虑、完成焦虑、容貌焦虑、金钱焦虑……面对不确定的未来，每个人或许有各种各样的焦虑，被裹挟其中的我们，总感觉难以逃脱。我们为什么会深陷焦虑？又该如何摆脱焦虑呢？

关于焦虑，美国存在心理学家之父罗洛·梅在其代表作《焦虑的意义》中说，焦虑是当人感到自己某种重要的价值受到威胁时产生出的扩散性的不安。再简单点来说，焦虑是一种因潜在不确定性而产生的扩散性失控感、不安全感。

举个简单的例子：你想跳槽换工作，你担心无法胜任新工作，无法适应新工作环境，但又无法再回到现在的单位（这是潜在不确定性），因此你犹豫不决，陷入了既不满现状，又没勇气改变的两难境地,以至于最后生活工作都变得一团糟(这是扩散性失控和不安)。

透过这个简单的例子,我们可以看到焦虑的本质是清楚有不确定因素的存在,但趋利避害的天性,让我们不接受失败、不被喜爱等这些不好结果的发生。然而,世事难顺遂。当现实达不到预期,能力满足不了欲望的时候,焦虑自然就产生了。而且你会发现,很多时候你越想不焦虑,反而会变得更焦虑,这又是为什么呢?

交易心理学上的 FUD(fear,uncertainty,doubt)模型,可以很好地解释这一现象。

FUD 即恐惧、不确定性、自我怀疑的英文缩写。

这一模型最早被用于市场营销,其核心是通过各种方法散布对于竞品的负面信息,在消费者脑海中注入对竞品的恐惧,从而传递给消费者一种"除了我,你别无选择"的信号,以此达到清理市场的目的。

FUD 这个战术之所以有用,是因为在人类漫长的进化过程中,我们的大脑早就建立了应对周遭威胁的防御机制,相较于正面信息,大脑对威胁信号的敏感度会更高。

FUD 模型很好地利用了人类本能对负面信号的高感知力。当我们大脑中 FUD 含量超标,又找不到解决方法时,整个人就会陷入"焦虑—行动缓解焦虑—没效果—更焦虑"的恶性循环中。

比如,即将面临一场重要的考试:

你觉得复习进度没达到预期,怕考不好——恐惧;

你不知道能不能考出理想的成绩——不确定性;

越临近考试,你越觉得自己没复习好、考不好——自我怀疑。

当"没复习好,考不好"的初始焦虑因子产生,之后的整个备考过程中,FUD因素会像一块沉甸甸的石头一直压在你胸口,让你吃不好饭,睡不好觉。然后,以此为起点,你一遍遍在脑海中预设诸如"考不上怎么办"的灾难性后果,大脑发现了更强的威胁信号,再次进入警惕模式。

为了减轻压力,走出这种糟糕的学习状态,你决定必须做些什么。于是,你反复在社交平台上寻找别人也没复习好的蛛丝马迹,以此寻求心理安慰。

但这样做的结果往往是:心有丘壑万万千,一看进度零点零。最后,你的焦虑感不仅没减轻,反而更强了。这么说可能不够直观,下面我们用一张图解释焦虑产生和加深的底层逻辑,如图1-2所示。

焦虑的根源是根植于人类基因中的生存本能,它让我们过度查找环境中的威胁,而面对威胁"要么战斗,要么逃跑"的本能又很容易让我们陷入焦虑循环。

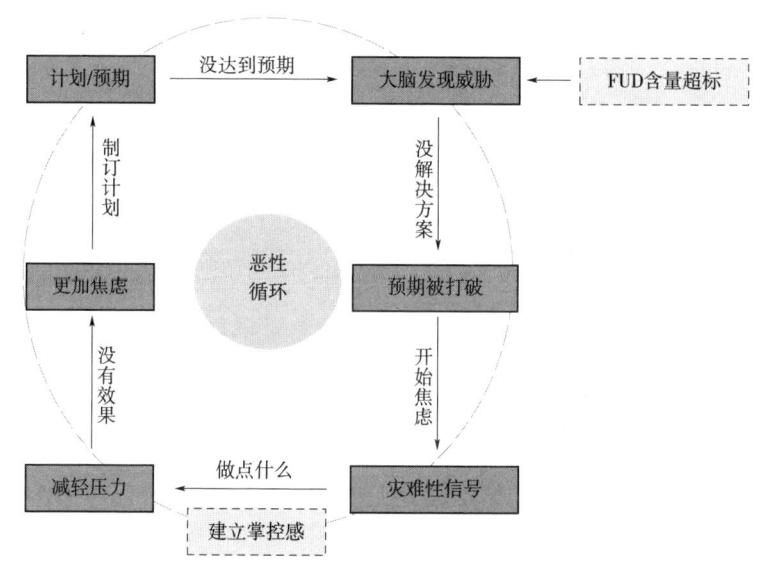

图1-2 焦虑产生和加深的底层逻辑

和焦虑交手那么多年,你肯定也发现了,面对焦虑,抵抗和逃跑都不是好方法。消极回避和强硬对抗的结果往往是"逃不掉""杀不死",越努力,越焦虑。那么,面对焦虑,我们究竟该怎么办呢?

一、重整认知:焦虑并非一无是处

很多人喜欢把焦虑看成十恶不赦的大恶魔,事实上,焦虑作为人类与生俱来的本能,并非一无是处。

"生于忧患,死于安乐""人无远虑,必有近忧""安不忘危,盛必虑衰",这些我们耳熟能详的警句,都在告诉我们焦虑的积极作用。心理学家耶克斯和多德森通过实验发现的"耶克斯—多德森定律",也表明了焦虑的积极意义。

"耶克斯—多德森定律"表明,动机强度和工作效率的关系并不是呈线性的,而是呈倒 U 形关系。具体表现为工作动机处于中等强度时,工作效率最佳,而动机不足或过分强烈都会影响工作效率。也就是说,保持适度焦虑,可以让我们工作、学习更高效。具体如图 1-3 所示。

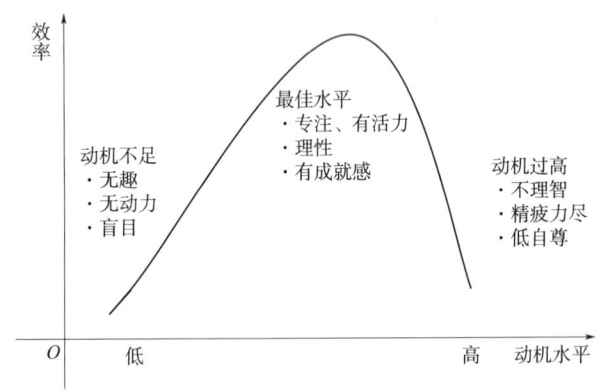

图 1-3 动机水平与工作效率关系图

回忆下,你是不是也有过类似的经历?参加重要比赛、考试时,彻底放松和过度紧张结果往往都不太理想,相反,略微有些紧张更容易取得意料之外的成绩。

焦虑作为一种警惕信号,反映了我们需要解决某些内在问题的诉求。焦虑的存在,提醒我们必须直面威胁和挑战,适度的焦虑可以让我们的心智变得更加敏锐,让我们能更专注、更有活力地寻找解决问题的合理方法,避免陷入"瞎忙"状态。

对于焦虑,最好的态度既不是"逃",也不是"战",而是要学会正视它,拥抱它,接纳焦虑,这是缓解焦虑的基础。

二、转变思维:建立积极的未来导向思维

我们之所以焦虑,是因为人类本能对负面信息有着高感知力。但是,当大脑被大量琐碎的负面信息侵占时,我们原本并不富裕的专注力和活力都会大幅下降,焦虑程度也会加剧。

要想缓解焦虑,首先要学会降低大脑中负面信息的浓度。

思维方式决定行为模式。有句话说,你用什么视角看世界,世界就是什么模样。我们既无法根本消除环境中可能存在的威胁,也无法扭转与生俱来的本能,但可以通过刻意练习转变自己的思维方式,努力用更积极的未来导向思维应对未知和不确定。

什么是未来导向思维?就是积极设想期待发生的结果,设想越具体,就越有可能推动自己朝那个方向前进。那怎样才能让这种未来导向思维有效落地呢?可以用"心理对照法"先确定目标,想象完成目标之后的美好情景,接下来思考目标和现实之间存在的障碍,然后有计划、有目的地逐个击破障碍,进而将愿

望转变为现实。

下面分享一段我结婚前运用"心理对照法"一个月成功减重10斤的经历。具体做法如下：

1. 在纸上写下最近想做的事或愿望：

举办婚礼之前，减重10斤。

2. 想象2~3个完成目标后的美好情景或好处：

- 用最好的状态，穿上美美的婚纱；
- 留下美好的婚礼回忆。

3. 列出实现目标可能存在的障碍：

- 经常吃外卖、零食；
- 工作无法避免的外食；
- 没时间去健身房锻炼；
- 以往运动三天打鱼，两天晒网。

4. 落实行动，逐个击破障碍，具体行动如表1-1所示。

表1-1 行动方案

存在障碍	具体行动
经常吃外卖、零食	(1)扔掉家里所有零食，减脂期间坚决不囤零食； (2)有时间就尽可能自己做饭
工作无法避免的外食	(1)不要因为外食而焦虑； (2)外食点餐尽可能清淡； (3)所有菜品入口前过水

续上表

存在障碍	具体行动
没时间去健身房	（1）告诉自己，任何地方都是运动场； （2）把时间花在有效运动上，而非花在去健身房的路上； （3）筛选时空限制相对较小的运动：跳绳、健身操、绕小区跑步等
运动没有恒心	（1）把屏保换成自己理想的完美身材，以此激励自己； （2）多想象实现目标后的美好情景； （3）不强行规定运动时长和消耗数据，每次运动比前一次增加一首歌的时间，可以奖励自己两粒坚果或一小块牛肉干

就这样带着美好想象，从小小的改变开始，我成功地在结婚前达成了自己的减重目标。对于减肥这件事，"管住嘴，迈开腿"的道理我们都懂，但真正做到却很难。就拿我自己来说，此前很多次"减肥大计"几乎都以失败而告终。而这次能用"心理对照法"瘦身成功的原因，在于"心理对照法"帮助我把达成的目标和面临的障碍都清晰化了，让我可以用积极乐观的心态去付诸行动、跨越障碍，一步步接近目标，减少了过程中各种不确定因素带来的焦虑。

如果你现在也因某件事而焦虑，不妨拿起笔试试这种方法。

三、停止比较，建立自己的时空秩序

一个没毕业就被困在各种考研、考编培训班的妹妹说："大二开始我就没怎么早睡过觉了,其实我不想考研,也不想考编,但现在不考的话毕业后我又能做什么呢?"

这几年,我身边不少刚毕业的年轻人,甚至已经参加工作四五年的职场人,都加入了考研、考编大军中,至于能否"上岸",大家都没有答案。

刚毕业那两年,我也经历过很长一段时间的迷茫期。那时的我,既想去更大的世界看看,又时常羡慕稳定顺当的岁月静好,再加上周遭亲友对稳定工作的执念,从二十出头到三十而立,我也曾试过找一份相对稳定的工作安定下来,但最终还是选择了漂泊,选择了创业。

或许有一天我还是会想拥有一份相对稳定的工作,但当下的我,写着喜欢的文字,有一份勉强能糊口,并且自己真心喜欢的工作可以做,我觉得很满足。

从迷茫焦虑到知足常乐,我最大的改变是学会了停止比较,学会按自己的节奏朝着想去的远方徐徐前行。正如一位学者所说,每个人只有立足于自己的时空,才能跟世界进行真正的互动。

置身于大时代中,我们不可避免地会被时代洪流所裹挟。我们当然要学会拥抱时代,顺势而为,但更重要的是,无论何时,我们都要找到一套属于自己的时空法则,并且能不受外界影响地按自己的节奏生活。

就像健身小白刚开始运动,只有根据自身状况量力而行,才能有效避免运动损伤,如果不考虑自身情况,一味追赶节奏,或盲目和他人攀比,那最终受伤的只能是自己。

和上面提到的妹妹一样,你的很多焦虑其实是源自别人的焦虑。如果我们只是活在别人的世界里,没有找到自己的时空秩序,那别人的焦虑就很容易成为我们的焦虑,别人的迷茫也容易成为我们的迷茫。一旦陷入群体焦虑,我们便很容易失去自我,不知道自己真正需要什么,应该做什么。

让我们活在自己的时空里,按自己的节奏去生长,然后静待春风拂面、夏花秋果吧!

两个模型，发现一个全新的自己

从最初那个敏感自卑的农村女孩，到毕业之后的迷茫焦虑、随波逐流，再到如今偏安一隅、勇敢逐梦。一路走来，我所有的成长，都是从审视自我、认识自己开始的。

"未经审视的人生不值得过"，两千多年前，古希腊人把"认识你自己"作为铭文刻在德尔斐神庙的门楣上。然而时至今日，认识自己依旧是我们要花费一生去解的难题。

你可能会疑惑，为什么我们明明可以客观去感知天气冷暖、事物美丑，理性评价他人的是非对错，却总在涉及自身问题时茫然四顾、不知所措？

这里做个简单的测试：如果你因低头玩手机或不小心在人很多的公共场合摔了一跤，这时你的第一反应会是什么呢？不少人会选择迅速站起来，低下头、挡着脸快速逃离现场。

你看，这就是典型的本能逃避，不愿面对自己。人类本能的自我保护机制，会促使我们有意去隐藏或美化自己，从而让我们无法真正看清自己。

那么，我们应该如何认识自己呢？

这里不得不提"巴纳姆效应"，我们要警惕"巴纳姆效应"，避免掉入自我认知偏差陷阱。

巴纳姆效应，是指人们很容易认为一个笼统的、一般性的人格描述特别符合真实的自己，哪怕这些描述是空洞宽泛，甚至不符合自身的，他们依旧深信不疑。

举个简单的例子，如果有人对你说"你是个很不错的人"，你一定会乐于接受。但如果对方说的是"你这个人其他方面不突出，做饭还不错"，你便可能心生不爽，觉得对方并不了解你。

在一项心理学研究中，研究者对学生做完明尼苏达多项人格测试后，根据测试结果对学生们的个性进行了科学评估，但最后他给了每名学生两份报告。其中一份报告是学生真实的人格评估报告，另一份则是由一些模糊且泛泛而谈的描述生成的报告。

令人诧异的是，当学生们被问到哪份报告更符合自己的人格特征时，59%的学生都选择了那份模糊评价的评估报告。

为什么人们会产生"巴纳姆效应"？心理学上认为是"主观验证"的作用。受主观倾向的影响，人们只愿意相信自己心中想要的相信，并且试图找各种理由去验证自己想要的相信。

比如，当你今天不想运动时，你会找各种理由说服自己不去运动，想方设法为自己的懒惰开脱，比如"少运动一天，也不是什么大不了的事"，但长期进行暗示，我们可能会掉入"运动不重要""不运动也没关系"的认知偏差陷阱。

那么，如何有效避开认知偏差陷阱，正确认识自己呢？下面给大家分享两个我觉得很实用的自我认知工具。

一、模型一："周哈里窗"模型

心理学家鲁夫特和英格汉提出的"周哈里窗（Johari Window）"理论，把人的内在分为公众我、盲目我、隐藏我、未知我四个部分。

公众我，是自己愿意公开，并且可以让他人知道的部分。比如我们的性格、爱好、职业、特长等。在四个"我"中，这是一个可以自由活动的领域。在社交关系中，我们既可以适当保留，增加社交互动频次，也可以真诚暴露自己，不断扩大公众我，主动拉近和他人的距离。

盲目我，是他人知道自己却不知道的部分。比如，我们日常说话做事不经意流露的一些小表情、小动作，自己很难察觉，但别人可以清楚地看到。"以人为镜,可以明得失",主动收集别人对自己的评价和建议,可以帮助我们察觉盲目我,让我们及时做出调整。

隐藏我,是自己知道但不愿意或不能展示给别人的部分。比如自己心底的一些隐秘想法、欲望,以及痛苦往事等。隐藏是自我保护的需要,但如果隐藏我太多,无疑会在自我和外界之间竖起一道高墙,这座高墙不仅压抑了自我,还会给人际交往和个人成长造成阻碍。

未知我,也叫"潜能我",指的是自己和别人都不知道的部分,是有待探索发掘的领域。未知我就像深海下的冰山,具体方位不明,但潜能无限,我们可以通过主动学习、拓展,探索发现未知的自己,看到自己更多的可能性。

总之,探索自我不应该仅仅停留在公众我层面,我们还可以从他人的反馈中收集信息,不断缩小盲目我,通过自我暴露动态调整公众我和隐藏我,以开放、学习的心态不断学习新知识、尝试新事物,在此基础上探索未知我。

日常我们怎么利用"周哈里窗"认识自我呢?现在,你可以拿出一张空白纸,区分出四格,然后照图1-4的样子逐一填写,并进行分析。

公众我	盲目我
• 列出性别、年龄、职业等基本信息; • 写出自己的特长、爱好、技能、成就等; • 列出自认为擅长的事; • …… 要求:填完后思考一下,还有没有可以添加的内容。	• 收集5位身边亲友对你的客观评价; • 列出无意识的小动作、口头禅、习惯; • 自己认为的优缺点; • …… 要求:把亲友对自己的评价和自己认为的优缺点进行对比,确定自己真正的优缺点,及时调整自己的缺点;对镜观察亲友指出的一些不太优雅的无意识动作,刻意训练并改正。
隐藏我	未知我
• 列出心底隐藏的痛苦经历; • 列出5件不想被别人知道的事情; • 写出自己心中不为人知的想法、欲望; • …… 要求:按照0~10分的标准,对上述隐私进行等级划分,然后挑选出其中隐私级别最低的3个,试着向亲近的人分享倾诉,缩小隐藏我。	• 列出你觉得自己可能擅长的事; • 列出5件你想做还没去做的事; • 收集身边亲友觉得你可能擅长的事; • …… 要求:结合自己当下的实际情况,挑选1~2件想做还没去做的事情,尝试着去做;日常保持学习的心态,多接触新鲜事物并勇于尝试,努力把兴趣转化为能力。

图 1-4 利用"周哈里窗"认识自我参考图

二、模型二:SWOT 分析模型

所谓知己知彼,百战不殆。除了"周哈里窗"模型之外,市场营销学中的经典理论 SWOT 分析法,也是一个简便快捷的自我分析模型。

SWOT 分析法中,S 代表 strength,为优势;W 代表 weakness,为弱势;O 代表 opportunity,为机会;T 代表 threat,代表威胁。这个分析方法能够帮助我们深入剖析自己、洞察外部环境,并在理性分析后最终得出合理决策。

具体如何利用 SWOT 分析法分析自己呢? 具体如表 1-2 所示。

表 1-2　**SWOT 分析法**

外部分析	内部分析	
	优势(S) 1. 2. 3. ……	**劣势**(W) 1. 2. 3. ……
机会(O) 1. 2. 3. ……	**SO 战略** 发挥优势,利用机会	**WO 战略** 借助机会,弥补劣势
威胁(T) 1. 2. 3. ……	**ST 战略** 利用优势,降低威胁	**WT 战略** 克服劣势,回避威胁

首先,知己。

在表格中,分别列出自身优劣势,通过梳理更清晰地了解自己。

在分析自己的内部因素(包括优势和劣势)时,可以但不限于从自身性格、知识、技能、经历、资源、学历证书等软硬条件入手。

其次，知彼。

从机会和威胁两个外部环境因素考虑，分析自己所处领域的正向机遇，以及来自行业和竞争对手的挑战威胁，并填入表格。

在分析外部因素时，可以将机会、威胁按等级排序，以便在做决策时，能扬长避短、"转危为机"，扩大自身的核心竞争力。

最后，综合分析，合理决策。

填完SWOT四个因素之后，可以结合自身情况，对各个因素进行重点排序和筛选，然后综合分析出现阶段适合自己的合理目标，并有针对性地制定出切实可行的执行方案。

以我自己为例，作为一名写作者，我一直梦想出一本自己的散文随笔集，但在做新书策划时，我深知以自己现有的能力和粉丝基数，想要顺利出版一本散文随笔集多少有些天方夜谭。所以，在综合分析自身优劣势后，我最终决定利用自己近十年品牌策略经验这个优势，借助当下出版市场"知识类"书籍热卖这一机会，把SO战略和WO战略相结合，从自身成长经历和专业知识出发，分享普通人如何运用品牌思维助力个人成长。

回顾一下，用SWOT模型进行自我分析的五个步骤：列出因素—标出重点—筛选排序—合理决策—具体执行。在分析决策时，要注意扬长避短、"化危为机"，把自身优势和机会相结合，这样才能确保自身核心竞争力最大化。

第二章

定位：锚定方向，精准努力

起风了，我们快跑！

可风从哪儿来？

我们该朝哪个方向跑？

方向定位：比起努力奔跑，更重要的是选对方向

我是个方向感不太好的人。在导航系统还未普及的那些年，我曾无数次在街头迷失方向。

记忆最深的一次，为了锻炼身体，我决定骑自行车上班。我先买了一辆自行车，每天死乞白赖请同事带我熟悉路线。半个月后，我信心满满地认为即便没有同事的陪伴，我也可以独自骑车通勤了。

一个天高云淡的早晨，我独自骑上自行车出发了。为了避免意外，那天我特意早起了一小时，出发前还认真复习了几遍同事给我手绘的地图。不幸的是，出发没多久我就迷路了，一路狂蹬把自行车骑上了一个从没走过的大斜坡上。

后面的故事，你们大概也猜到了。那天，我骑了很久的坡路，停下来问了好几次路，满头大汗赶到公司时，公司早会都散了。正是这一次次在街头迷失的经历，让我清楚地知道，比努力

更重要的是选对前进的方向。

由于工作缘故,我接触过很多刚出校门的年轻人,他们大多个性鲜明、学有所长,但在谈及人生规划时,有些人的态度是没想过或不在意,顺其自然就好了。

这种顺其自然的"不选",看起来似乎很酷,但"不选"其实也是一种选择,不选意味着你主动放弃了选择权,现实却不会因为你的放弃而刻意避开你。所以,身处现实中的你最终还是会受外界影响被动做出选择。

比如,毕业后你不知道到底要考研,还是找工作。于是,你告诉自己"没关系,顺其自然",然后看周围的同学都考研了,你也报了名、买了课,但一直没有进入备考状态。

假期回家,你一直听父母在你耳边碎碎念"某某单位福利好、待遇好",为了求个耳根清净,你最终报了名准备参加该单位的招聘考试。

抱着顺其自然的心态,你对考研、考编的事都不是很上心,结果可想而知。

你看,在选择这件事上,"不选"并不能为你规避"选错"的风险,因为风一直在吹,处于风暴中央的我们要想不随风乱转,只有自己先看清风向,主动做出选择,才能调整步伐规避风险。

如何判断风向选择方向呢?可以从内外两个角度考虑。

一、向内：找到热爱和擅长

关于热爱，有人说"唯有热爱，可抵岁月漫长"，也有人说"热爱不能当饭吃"，但毫无疑问，人只要活着，就一定会爱着点儿什么。

人生须臾一瞬，你自有万千活法。如果你现在还没找到属于自己的活法，那不妨先试试找到自己真正热爱的事，并坚持做下去。因为无论处于哪一个行业，要想深耕下去，都需要源源不断的动力支持，而在所有的动力来源中，热爱无疑是最长久、也是最可持续的，所以，去做自己真正热爱的事吧，凭着满腔热忱抵御漫长寒冬，直到雪融春暖。

你真正热爱的事情是什么呢？

回答这个问题之前，你可以闭上眼睛想一想：

做什么事能让你由衷开心？

到目前为止，你做过的最令你开心、难忘、幸福或骄傲的事是什么？

你有理想吗？你的理想是什么？

我想此刻你已经有了自己的答案，但还想再啰唆一句，如果你的热爱里有类似玩游戏、刷视频、追剧这种即时满足的事，但它们又和你的专业、职业不相关，那么这些都不能算是你真正热爱的事。

真正的热爱,是不厌其烦,是精益求精,是即使面对狂风骤雨也绝不放弃。而玩游戏、追剧这些带来的只是短暂的满足和快乐,并不能为我们创造持续的内生动力。当然,如果你的职业恰好是职业游戏玩家或剧评人,那另当别论。

除了找到热爱,你还可以依照自己擅长的事去考虑未来的人生方向。这世界天赋异禀的人不多,但每个人都有自己的相对优势。你的优势就是你的核心竞争力,找到自己擅长的事就等于找到了自己的核心竞争力。

什么是擅长?

我认为擅长既是和别人相比的优势项,更是自身的相对突出项。你能快速领会并掌握某件事需要的技能,能高于行业平均水平完成某件事,这当然是擅长。除此之外,你能完全沉浸其中不被打扰地去做一件事,即便你做这件事的能力还达不到行业顶级水平,但你依旧乐在其中并有信心做好它,这何尝不是一种擅长呢?

就拿写作这件事来说,很明显我的水平并没有那么高,但当我专注于写作时获得的力量和成就感,是其他任何事情都无法替代的。所以,我当然可以把写作当作自己的擅长去深耕,不断强化打磨,最终把它"磨"成自己的核心竞争力。

现在,你可能会疑惑:我既有热爱的事,也有擅长的事,该如何去选呢?我的建议是画两个圈,分别列出自己热爱和擅长的事,看看它们有没有交集。如果有,就把自己热爱并擅长的事作为方向去追逐;如果没有,可以根据自己的生活、工作需求,先着力去做自己擅长的事,把热爱当作爱好去发展,并努力将其转变为擅长。

二、向外:了解市场需求,找准行业

人不可能完全脱离社会而独立存在。

在确定自己的方向时,除了向内找到自己热爱和擅长的事之外,还要向外考虑行业和市场需求。有需求才能产生交付价值,如果你选择的方向是不被市场需要的,那最后就只能"自娱自乐"了。

我先生的表弟是个爱宠达人,一直想从事和宠物相关的工作。一次偶然的机会,他了解到了"宠物殡葬"这个小众行业,此前爱宠意外离世不能体面告别的遗憾,让他敏锐地嗅到这个行业的现实需求,当即着手准备选址、加盟咨询、市场调查等事项。

确实,从行业数据来看,在生命的最后给爱宠一个温暖而体面的告别,已经成为很多宠物主人的现实需求,但在做市场调查的过程中,表弟发现这种"现实需求"目前还只存在于大中型城市。

在自己那个四面环山、处处有耕地、自建房多于商品房的小城镇,即便是把宠物当作掌心宝的主人,也不认为自己需要在宠物离世后,再额外花钱为它举行一场葬礼。因为他们完全可以把爱宠安葬在自家果园里,安葬在它生前喜欢的桂花树下,安葬在鸟语花香的山林里……

生命的最后,需要体面地告别,但告别的方式不止一种。最后,在做了充分的市场调研后,表弟放弃了自己原本的想法,创业方向从"宠物殡葬"变为更大众的"宠物零食"。

所以,在做方向选择时,可以先问自己几个问题:

我要影响或赋能的人群是谁?

这样的人有多少?

他们面对的问题是什么?

他们需要什么?

我能为他们提供什么?

回答完这些问题后,结合前面的向内分析,我想你可能已经找到适合自己的方向了。之后我们会更具体地讨论与之相关的目标定位、角色定位等问题。

目标定位：为什么"目标"总是难以实现

"我要健身,我要减肥,我要学习,我要早睡早起……"对于定目标这件事,有多少人的态度是——目标可以倒,但不能不立。

曾经我也是一个热衷于立各种目标却难以做到的人,因为每个积极的 flag 都在隐喻我想成为一个更优秀、更自律的自己,谁不想要自己变得更好呢?

都说"心有阳光,花自芬芳",可为什么我们那些积极阳光的 flag 很少能开花结果?

flag 总是立不住的一个重要原因,可能是我们被自己的大脑欺骗了。

斯坦福大学心理学教授凯利·麦格尼格尔在《自控力》一书中指出,大脑容易误把欲望当幸福。人们喜欢把很多虚假的"我想要"作为目标,却又不为之付出实质性努力,只是通过幻想自己成功或努力的样子来缓解内心焦虑,并获得短暂满足。

简单来说就是,你内心并没有真正把"你的目标"当作目标。

比如,一次放纵夜宵之后,你看着镜子里的自己暗自发誓:明天开始减肥,这次一定要成功。这样想着想着,你的负罪感减少了一点儿,然后继续躺在床上熬夜刷手机,对于明天开始的减肥大计你没有任何具体规划,但信心十足。

第二天,你很想喝奶茶,但想到昨天刚立的 flag,于是放下手机,犹豫一会儿后又拿起手机给自己点了一份沙拉。

时间到了第二天深夜,正当你饥肠辘辘地躺在床上玩手机时,闺蜜约你吃宵夜,你向她发送了一个"减肥中"的表情以示拒绝,她给你发了一张烤串照片。自我拉锯十分钟后,你最终决定穿上衣服奔向烧烤摊,大快朵颐后安慰自己说:"没事,吃饱了才有力气减肥嘛。"

怎么样,这样的场景是不是很熟悉?一年中,我们会无数次面对类似的"虚假希望"破灭,然后又继续开始新的"希望"。

那么,怎样才能让目标不倒、希望不灭呢?

一、三个关键词,判断你的目标是否是"真实希望"

要想目标立得住,首先要确定你的目标是不是自己的"真实希望"。

所谓"真实希望",就是能给自己带来实际好处的希望。比方说，收入的增加、工作学习的机会、身体的放松等。

具体怎么判断这个目标是否符合"真实希望"呢？我从自己成功实现的目标中，总结出了三个关键词：需求性、愉悦感、增值。

需求性，指的是这个目标是不是你工作、学习、生活需要的，它能不能帮你提高工作效率、提升生活质量，或者有利于你的职业生涯。

愉悦感，指的不是目标完成后的愉悦，而是在目标完成过程中能否给你带来身体、精神上的满足，让你身心舒畅。

增值，指的是目标实现之后能不能给你带来直接的财富增加，或给你创造其他附加价值。

你的目标只要满足上述关键词中的一个，就可以算是"真实希望"。满足的关键词越多，在完成过程中收到的正反馈就会越多，坚持下去的动力也会越足。

还有一点需要注意，就是我们在制定目标时，目标太大、太多、太杂反而容易让我们失去执行的方向和动力。所以，在制定目标之前，我会先问自己：

"这真的是现阶段我需要的吗？"

"我可以身心愉悦地去完成这个目标吗？"

"这个目标对自我增值或工作生活有帮助吗？"

经过第一步"真实希望"的判定,你可能会说:"那减肥、不熬夜、阅读……这些确实都是我的目标呀,但为什么总是屡试屡败呢?"接下来我们需要思考一下,自己每个阶段的目标定位是否清晰合理。

二、两个工具帮你清晰中短期、长期目标

1. SMART 原则:人人都要会的短期目标定位法

"我要减肥。"

"我要坚持运动。"

"我要学习新技能。"

"我要戒烟。"

…………

这些目标是不是无数次出现在你的计划表里,最后又难逃半途夭折、不了了之的命运?

中短期目标难以实现的一个主要原因是目标定位不符合 SMART 原则。

SMART 原则中的 S 代表 specific,指目标要具体、不笼统,明确、不模糊;M 代表 measurable,指目标要可衡量,可以被具体量化;A 代表 attainable,具体指目标要可实现,避免目标过高或过低;R 代表 relevant,具体指目标是相关的,目标与目标之间有关

联,阶段性小目标服务于整体策略目标;T 代表 time-based,指目标是有时限的。

下面我们就以"我要减肥"为例,看看如何用 SMART 原则让我们的目标变得更清晰,可执行性更强。

首先来看"S","我要减肥"这是一个十分笼统、模糊的目标,具体、明确的目标可以这样定:我要在多长时间内瘦多少斤。

接下来看"M",我们来具体量化这个目标,比如"我要在三个月内瘦六斤",为了让目标得以实现,这时我们需要把大目标分解成一个个小目标,并且还需要把相应的饮食计划、运动安排也具体量化出来。

然后看"A",我们来看看自己的大目标、小目标是不是都可以实现。比方说,我的大目标是"三个月瘦六斤",那我只需要在接下来的三个月里,平均每个月瘦两斤,就可以完成这个目标。但如果你的目标是"我要一个月瘦二十斤",那这样的目标是不是多少有些不现实了?

下面再看"R"相关性,为了完成"我要三个月瘦六斤"这个大目标,我们需要与之相关的饮食目标、运动目标、作息目标来配合,在制定这些目标时,同样要符合明确具体、可量化、可实现的原则,否则执行起来就会很难。很多人减肥时喜欢用不吃主食、不吃肉这些极端的方法,但这些方法可实现难度高,容易半途而废。所以，与其追求各种难以实现的极端瘦身食谱，不如把炒菜减少三分之一的油盐，每顿饭少吃半碗米饭，外食用开水过一遍等这些具体、可量化，也容易实现的小方法运用到日常中去。

最后看"T"时限。我为什么要设定"三个月瘦六斤"这个目标，而不是"一个月瘦十斤"？就我自身而言，工作的原因让我大多数日子只能吃外卖，这种情况下，三个月的时间设定会比一个月更加合理。时间的设定，我们可以结合自身情况安排，但最好能给自己适当的紧迫感。

以上是运用SMART原则让目标定位更具体清晰的一个小例子，你可以试试用这种方法改进自己flag列表中的目标。当然，SMART原则也有自身的局限性，由于对时间期限的约束，SMART原则更适合中短期目标的规划。那么如何规划长期目标呢？

2. MPS模型：帮你找到自己的人生赛道

人无远虑，必有近忧。如果我们缺乏长期的目标规划，设定的都是一些短期的任务型目标，在这些任务完成后，就很容易陷入迷茫，不知道下一步该做什么。

为了避免这种迷茫，我们除了给自己设定清晰可行的阶段小目标外，最好能够找到自己的长期赛道，怎样找准自己的赛道呢？可以试试 MPS 模型。

M 代表 meaning，指意义；P 代表 pleasure，指快乐；S 代表 strengths，指优势。

在做人生赛道定位时，你可以静下来问问自己：什么带给我意义？什么给我带来了使命感？然后，在本子上画一个圈，尽可能多地写下那些曾经让你觉得很有意义和使命感的事情。

比如，我自己在圈里写下的有意义的事情：持续阅读、写作；用专业知识帮助很多品牌从"0"走向"1"；帮助小微企业找到发展方向；我的文字给很多人带来温暖和启发；用文创的形式让更多年轻人了解家乡历史文化……

接下来，在本子上画下第二个圈，在圈里写下带给你快乐和让你感到幸福的事。

我在自己的"快乐圈"里写下的是：看书写作、追剧、看电影；任意有趣或有意义的谈话；各种作品被人喜欢……

最后，再画一个"优势圈"，在圈里列出你的强项及与众不同的优势。

我自己的"优势圈"里列出的是：写作能力、表达能力、共情能力、策划能力、创意能力、亲和力等。

画完三个圈后，你会发现三个圈有交集，交集部分便可能是适合你的人生赛道，如图 2-1 所示。

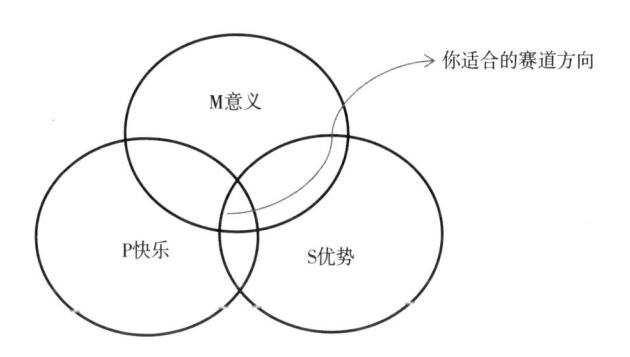

图 2-1 利用 MPS 模型寻找赛道方向

就拿我自己来说,写作、表达、策划、创意这些关键词是三个圈的重合点,所以做一名内容创作者、知识分享者,用创意、作品链接世界,帮助更多的企业和个人成长就是最适合我的赛道。

选对目标赛道,人生才不容易跑偏。希望你也可以借助MPS 模型,找到适合自己的人生赛道。

角色定位：四种策略帮我们划定自身影响力范围

明确方向，选好赛道后，接下来我们要思考的是自己在赛道中要扮演的角色。社会学家戈夫曼说，整个社会就是一个大戏院，而我们每个人都是这偌大舞台上小小的一个表演者。

确实，人的一生就是一场不断转换角色的大型舞台剧。人生的各个阶段，我们面对的表演情境、观众各有不同，但无论舞台和观众如何变化，表演者都要努力找准自己的角色定位，让自己生动起来，让角色鲜活起来。

那么什么是角色定位呢？角色定位是在充分认识自我后，围绕自己的核心竞争力，找到你可能会影响的人群，确定你在他们心目中的位置。

如何定位自己的角色？"定位之父"杰克·特劳特在他的经典著作《定位》一书中，提出了领导者、跟随者、替代者三种角色定位策略。而个人品牌导师凯瑟琳·卡普塔则针对角色定位提出了争当第一、成为领袖、特立独行、理想斗士、认同者、关键意见消费者、成为首选、成为专才、传承者、奇货可居十种策略。

综合两位大师的观点及自己过往的品牌咨询经验,我认为做个人角色定位时,可以重点考虑以下几种策略。

一、"专家"角色定位

这是个人品牌打造最常用的角色定位策略,我们熟悉的"秋叶大叔PPT""老爸测评"等自媒体大号都是使用的这种定位方式。如果你也想以"专家"的角色来定位自己,那么你得先在某个特定的领域或行业深耕,潜心修炼自己的专业技能。

当然,你选择的行业、领域不一定非得是知识、美妆、科普这种大类,你可以根据自己的兴趣和专长,深挖竞争较小的小众领域,努力成为小众领域的"专家"。

我有一个喜欢手作的朋友,她的个人品牌定位是"手工泰迪熊玩偶作家",她就是在"手作"这个大类中找到了"手工泰迪熊玩偶"这个小类。网络上手作大神云集,但我这个朋友凭借足够细分的小众领域"专家"定位,吸引了一批同频爱好者的关注。现在,她的自媒体账号粉丝基数虽然不大,但因为志趣相投、粉丝黏性高,营销能力甚至比部分粉丝黏性差的大号还要强一些。

如果你现在还不具备任何一项"专家"技能,那也不用着急,你可以先成为某个领域的"专才",再努力向"专家"迈进。比如,你喜欢写作,但现在还不具备当作家的能力,那你可以先坚持输出,努力成为班级里或单位上大家最喜欢或最擅长写作的人,然后再一步步向"专家"迈近。

二、先行者角色定位

先行者,即最先尝试做某件事的人。学生时代,试卷上总会出现类似"谁是第一个登上月球的人""谁是第一个发现新大陆的人"这种必答题。而在日常生活中,人们也容易记住第一,忽略第二。想要别人快速记住自己,做角色定位时,我们可以争当第一,努力成为某个领域的先行者。

这里的"第一",不一定非要和全行业、全领域去比较,只要你在周围人群中完成了一件鲜有人完成的事,你就可以算是做这件事的先行者了。比如,连续五年早起,连续两年坚持写作,连续三个月坚持健康饮食……这些看起来很简单的事情,其实很少有人能坚持做下去。如果你恰好在坚持做这样一件小事,那你完全可以把它当作自己的角色定位去宣传。

就像我关注很久的一个运动博主,最初我关注她是因为看到了一个她坚持运动100天的挑战视频。因为好奇她100天后的变化,我一直在持续关注她的新动态,没想到潜移默化中被她的毅力和积极阳光的生活态度所打动,继而成为她的忠实粉丝。

三、认同者角色定位

如果你有30万元左右的预算,想买一辆安全性能较高的车,你会第一时间想到哪个汽车品牌?

"沃尔沃!"

我想这是不少人脱口而出的答案。因为长久以来,沃尔沃在中国市场的定位就是安全。当你计划买车时,考虑性价比,你或许不会想到它,考虑舒适度,你也不会想到它,但考虑安全性能,你大概率会想到它。

沃尔沃的定位方式,就是把汽车应该"安全"这个已经被大众认同的观点和自身品牌紧密联系起来,让用户只要考虑到安全性,就自然联系到沃尔沃这个品牌。

不仅是品牌,我们在做个人角色定位时,也可以使用认同者定位的方法,把一些已经得到大众认同或推崇的观点、理念作为个人品牌标签,加以巩固和宣传。

比如,"低碳循环"是一个已经得到大众认同的理念,我一个一直在践行低碳生活的朋友,就把自己的角色定位为"低碳循环生活家",持续分享自己的各种低碳生活小妙招和旧物循环利用技巧。

除此之外,你也可以去认同某个具体的人物、观点、理想、作品,将其内核提炼出来作为自己定位的方向。就像很多人关注列表里都有的经典作品解读、影视解说,他们使用的也是认同者定位这一策略。

四、反向思考者角色定位

1997年,苹果发布了由乔布斯亲自参与撰写广告词的广告《致疯狂的人》。

这个广告让我们在为那些敢于冒险、不惧失败的特立独行者感动的同时,也看到了反向思考、反向定位的力量。

整个广告在表现方式上也有很多与众不同的地方,比如广告片旁白没有用名人,而是选定了苹果的一名忠实粉丝;再比如,平面广告没有用强烈的色彩抓人眼球,而是使用了黑白人物肖像,并且没有给这些肖像加任何文字说明。

正是这些不同寻常的巧思,让这个广告能够从众多模式化的广告中脱颖而出,成为世界广告史上的经典广告之一。

我们在做个人角色定位时,也可以考虑这种特立独行的方式。我们可以先找到自己所在领域的优秀者,观察他们有什么特点或优势,然后用反向思考的方法,选择和他们对立或相反的方向进行定位。

比如,穿搭博主这个领域,大部分博主的定位是"小个子女生显高穿搭""微胖女生显瘦穿搭"这种教人穿衣好看的细分赛道。目前,这些细分赛道上已经有了成熟的头部KOL,新入局的博主如果想要以同样的定位出圈,难度系数较高。这种情况下,我们就可以使用反向定位,不教别人怎么穿衣好看,而是提醒大家怎么穿不好看,比如"小个子穿搭避雷指南""微胖女生千万不要这么穿"等。

当正向赛道很拥挤时,反其道而行之,你很可能会发现不一样的入局路线。

以上是几种常见的个人角色定位策略,你可以根据自身情况,选择适合自己的个人品牌角色来定位。当然,这些方法都只是抛砖引玉,如果你本身拥有非遗传承人、名校学霸之类的角色身份,也可以使用传承者、奇货可居的定位策略。

最后,在你确定自己的角色定位之前,请先看看自己的关注列表,或想一想自己喜欢、尊重的那些人,盘点一下他们都有哪些特质,你定位的角色是否也具有这些特质。

就像我喜欢"小马宋""李叫兽",他们都是品牌营销界的前辈,他们的专业能力和职业高度是我永远达不到,但想不断去靠近的;我也喜欢一些脱口秀演员,他们那些犀利清醒的发言,总是让我惊喜不断；我的关注列表里还有很多和我爱好相似的写作者、美食博主、旅行博主等。

盘点之后，我发现自己喜欢的人总结起来就是"在我之上""意想不到""和我相似"这三类。你呢？你喜欢的人是不是也有这些特质？

回顾一下，在我们前面提到的定位方法中，方向定位可以帮助我们看清方向，确保前进方向不跑偏；目标定位可以帮我们梳理目标，确定目标实现路径，并辅助我们找到人生赛道方向；角色定位则可以让我们看到自己在人群或行业中的位置，划定自己的影响力范围。

如果说以上这些都是个人定位关于认知和准备阶段的内容，那么接下来我们要聊的就是个人定位实质阶段的内容。

个人升级：进化三部曲，按下成长加速键

我曾和一个自媒体朋友聊天，聊到她那个曾经受欢迎，现在已经消失在江湖的公众号，她略有遗憾地表示："如果当时不是直接放弃，而是对账号进行升级调整，结果或许会有不同吧。"

这个朋友开始做微信公众号时，当时还处于红利期。2015年，初入职场一年的她把自己的形象定位为"亲民小学姐"，利用业余时间持续在公众号上分享一些适合年轻女孩的平价彩妆和职场新人穿搭技巧。

平台红利期加上自身的精准定位和用心分享，起号后不久，她的账号就迎来了粉丝数量爆发期，随后几年账号各项数据一直保持在上升区。但进入25岁后，朋友在运营账号的过程中感受到了越来越大的阻力。

其中，最大的障碍来自自身的年龄增长和职业角色转变。这时，25岁的她已经从刚出校门的职场新人成长为一名时尚杂

志编辑,自身的日用和美妆消费需求也在悄然发生变化。

成长过程中不可倒回的改变和亲民小学姐定位的冲撞,让朋友在做选题、选品时经常陷入两难,运营越来越有心无力,文章阅读量、转化率也变得越来越不理想。最终,在断更半年后,朋友以工作忙无法兼顾为由卖掉了这个自己费心打理三年多的账号。

后来我问朋友,如果当时没有放弃这个账号,那这个账号的后续运营她准备怎么做?犹豫了片刻后她告诉我,"就做自己吧,真诚分享当下自己想分享的一切,让这个账号和我一起成长。如果这个账号还在,那明年我的婚礼应该能收到很多粉丝的祝福吧,她们或许也会向我分享这几年的成长和快乐吧。"

听完她的话,我内心很受触动。成长过程中,我们总会遇到各种各样的阻碍,我们习惯把这些障碍归因于工作、年龄、生活、环境,甚至是运气,却总是忘了其实自己才是那个最大的障碍。

就像我这位朋友,当时决定放弃账号的理由是工作太忙,但真正的原因是账号急需升级,而她暂时没有找到升级的方向,又没做好承担升级失败风险的准备,所以干脆选择了放弃。

人生中我们需要无数次面对类似不进则退的难题。这种情况下,千万不要退缩,不要停滞不前,也不要丢盔弃甲地逃跑。

《道德经》中说,"知人者智,自知者明。胜人者有力,自胜者强。"

如果把自我认知当作个人成长试炼的第一关,那自胜就是成长必须要经历的第二关。人只有战胜自己,才能收获一个全新进化的自己。

一、告别"鸵鸟心态",直面障碍、找到盲区

我们很多人在面对问题时会有"鸵鸟心态",认为只要像鸵鸟一样把头埋进沙子里,就看不到问题,问题也不会主动找上自己,但事实上问题本身并不会因为你低头或闭眼而消失。

生活险象环生,人生处处都是障碍。自我进化的第一步是告别"鸵鸟心态",学会直面问题和障碍。就像机器坏了需要检修,生病了需要看医生,成长过程中,如果定位出现了问题,我们要做的不是逃避而是直面。只有直面问题,才可能发现问题并最终解决问题。

道理很简单,做起来却并不容易,因为很多人已经习惯了把问题当结果,把障碍当终点,曾经我也是这样的人。前些年,我在公众号和头条上发文章、拍视频、发 vlog,折腾了不少事,最终坚持下来的也只剩写作这件事。

就拿公众号运营来说,单纯靠写肯定不行,但那时的我一腔孤勇又自视甚高,对于主动引流涨粉之类的事特别排斥,认为只

要专注做好内容,剩下的交给时间就好了。

年少轻狂、自命不凡的结果是——你悄悄地来,正如你悄悄地走。没有阅读量,没有粉丝增长,渐渐也就没了创作激情。我做公众号这件事开始得悄无声息,结束得也安安静静。

再度审视当年的自己,我发现了自己在认知上的盲区、运营上的不足和自我营销方面的欠缺。如果重来一次结果是否会有不同我不知道,但我一定会花费一些时间和精力在运营上,主动迈出自我营销的第一步。

直面障碍、自我反省,发现自己的认知盲区和能力弱项,然后努力填补。不管最后结果如何,填补的过程就是一次自我进化过程。

二、学会忘我,保持开放的"空杯心态"

成长过程中,会有人因为过往的成绩而忽略脚下的路,把自己困在昔日的荣光中忘记成长;也会有人认为自己时运不济、怀才不遇,把自己囚于抱怨的牢笼止步不前;还会有人因为某些偶发事件,让自己深陷十年寒窗比不过一朝成名,再怎么努力也无济于事的无助旋涡。

人们总会用各种各样的理由把自己困死,但真正困住自己的其实就是自己。

自我进化的第二步是学会忘我。

我们每个人都有许多没被激发的潜能,生活中很多人会因为已经取得的一些成绩和当前面临的一些困难,而认为自己已经达到了自我能力的天花板,从而放弃继续精进。

这时,学会忘我,保持空杯心态,可以让我们不再沉溺于过去,忧伤于当下,而是学会主动去反思,去创新,去改变,去创造自己想象不到的可能性。

就像很多在校成绩优异的学生,初入职场后无法胜任一些基础岗位的工作,其中一个重要原因就是没有"倒空"自己。进入职场后,无论你曾经成绩如何,那都是过去的事了,这时你只有"倒空"自己,主动学习,积极融入,才可以在职场上为自己创造更多价值,反之,你很可能成为别人眼中不太会工作的好学生。

"倒空"自己,是为了不断向外部学习交流,持续充实自己。每个人的认知都是有限的,但人在"满杯"的时候,往往是看不到别人的。

就像一些餐厅老板,会因为部分顾客的好评以偏概全,陷入"我家味道最好"的虚假幻象中,而忘记认真倾听其他顾客的批评和意见,更别提虚心向同行学习了。当他们在"满杯"状态时,哪怕是餐厅的口碑和经营状况已经越来越差了,他们也不会去反思自己的问题,只会抱怨顾客太挑剔,大环境不理想。

餐厅需要不断听取食客的意见,不断去改进菜品、服务,才会受到食客的青睐。同样,个人成长也要始终保持开放的心态,认真聆听外界的声音,虚心向优秀者学习,才能从别人的评价和成功经验中汲取成长的养分。

当然,在这个吸纳的过程中,你一定要有所分析,"倒空自己,保持空杯"并不意味着你的认知一定是错的,别人的认知一定是对的,"空杯"只是让我们有足够的空间去接收更多信息,看到更多可能性,最终帮我们找到改变的方向。

放下自己,重塑自己。如果想去见从未见过的美景,那么请先走出自己的牢笼。

三、关注后续和再后续结果

由于职业因素,我接触过很多转型期的小微企业主,他们在聊到自身企业痛点时,可以说是各有各的痛法。但有意思的是,绝大部分企业主在沟通过程中都会使用类似的句式:我知道我们面临……(问题),但是……(转型的难点/转型失败的后果)。

当然,我们今天要讨论的并不是"企业到底该不该转型""企业应该如何转型"这种宏大的命题。我们现在要说的是,这些企业主在面对转型抉择时的心态，其实就是很多人在面临改变时的心态。

为什么我们明明有心想去改变当前的糟糕状况，但总是前怕狼后怕虎，迟迟不敢做出抉择，最终只能无奈维持现状，直到事情越变越差才懊悔不已呢？

我们无法做出改变或总选错的一个重要原因是——我们太在意直接结果了。

比如，吃炸鸡、薯条、泡面的直接结果是享受了美食，收获了快乐，但后续结果可能是皮肤变差、身体长胖，再后续的结果可能是身体健康受到影响。可是，当我们在做出"吃炸鸡"这个选择时，往往只会关注"好吃、快乐"这个直接结果，不会去考虑长胖、身体健康受影响这些后果。

很多时候，直接结果就像炸鸡一样，是个看起来十分美好的诱惑，会诱使我们冲动做出一些不计后果的选择。有时直接后果也会是个障碍，它会让我们看不到后续和再后续的风景，从而致使我们在很多问题上无法做出更好的选择。

比如，当你在考虑今天要不要运动时，直接结果是运动需要花费时间、消耗精力，这时你因为又累又费时间选择了放弃。而那些能长期坚持运动的人，看到的则是运动后续和再后续的结果：运动让身心舒畅，运动让工作更高效，运动让人收获了好身材和健康……

当你面临抉择时,请不要只盯着直接结果,多去想想后续和再后续的结果,顶住诱惑、克服障碍,努力为自己做出更好的选择。现在,你可以做出自己的选择了,只有做出选择,才有机会发生逆转。

重新定位:重来的人生也很酷

一、重新定位的四个底层逻辑

2022年,即便你没有在"东方甄选"的直播间下过单,也一定通过各种渠道刷到过董宇辉等原新东方的名师们在直播间双语交替、引经据典、妙语连珠的"文化带货"视频。

2021年,在多种因素的影响下,在线教育行业踩上了"急刹车"。彼时,"寒冬"之下的新东方股价暴跌90%,市值蒸发3 000亿。

但即便是在寒潮汹涌的情况下,新东方还是无条件按比例退清了所有学员的学费,有序结清了所有老师的工资,并把七万多套崭新的桌椅无偿捐赠给了乡村学校。

就在大家还在感慨新东方的优雅"退场"时,"东方甄选"直播间爆火出圈,新东方又以另外一种形式"杀"回来了。短短半年时间,新东方完成了从教育行业到电商直播行业的成功转型,以独有的"文化带货"成为直播界的一股清流。

新东方的转型,为我们展示了一个企业和个人"重新定位"的成功范本。

1. 调整心智而非改变心智

我们前面说过,定位就是抢占用户心智。那"重新定位"是不是意味着我们要去改变用户原本的心智呢?

比如,几年前我给自己的个人品牌定位是"你的贴心成长小助手",那时因为个人阅历和成长经验不足,我只能以"小助手"或"陪伴者"的角色出现,而非把自己定位成领导者或专家。

沉淀几年后,再来重新定位自己的个人品牌,那我是不是要完全改变自己的"成长助手"形象,以此改变用户对我的心智认知呢?答案显然是否定的。

"定位之父"杰克·特劳特在《重新定位》一书中说,"心智是不可改变的,试图改变消费者心智的努力都是徒劳无功的。"

既然是重新定位,那就意味着他人已经对你有了一个认知,人的大脑都是固执的,不要试图改变别人对你或你的产品、品牌已有的认知,而应该在原有认知的基础上去关联、调整认知。

就像以前大家对新东方的认知是教育集团、文化价值等,所以新东方在转型做电商直播时并没有试图改变公众对自己的固有认知,而是在教育、文化等关键词上加上了"带货",把自己的直播间变成了一个一边教课,一边卖货的直播间,开辟了一条独有的直播带货赛道。

2. 不放弃自己的差异化特征

"东方甄选"直播间爆火出圈的一个主要原因是——特质鲜明,足够差异化。

试想一下,如果俞敏洪老师和昔日新东方的名师们,也像很多呐喊式的带货主播一样,坐在直播间里声嘶力竭地高喊"9.9元秒杀!123上链接",转型后的新东方直播间还会火出圈吗?

我想如果"东方甄选"是这样一个直播间,你不会为它停留一秒,新东方累积多年的品牌价值将会大打折扣。

部分品牌和个人在坚持一段时间的差异化定位后,如果没能快速看到市场的正面反馈,或想要进一步扩大受众范围,就会想放弃自己的独特性,去迎合讨好更多的大众需求。但结果往往是放弃自身的独特性后,原本的差异化竞争优势也随之消失。

例如,一度被誉为"中国魔水"的健力宝,作为国内第一款碱性电解质饮料,在国内率先引入功能运动饮料的概念。凭借"民族运动饮料"的定位战略,健力宝曾在中国饮料发展史上创造多个"第一"。

后来,为了迎合消费市场,健力宝内部进行了大刀阔斧的改革,先后推出了"第五季""爆果汽"两个全新产品。在声势浩大的营销下,这两个产品的确为健力宝集团带来了短期的销量增长,但也让健力宝逐渐丧失了在功能运动饮料市场的话语权和竞争力。

重新定位不代表彻底革新,重新定位时请不要放弃自己的差异化优势。

3. 开创一个新品类

杰克·特劳特的《重新定位》中有这样一句话:"每次重新定位都要以心智中的竞争为起点。重要的不是你想做什么,而是你的竞争对手允许你做什么。"

新东方转型电商直播时,电商直播早已是红海一片,如何在红海中找出一片蓝海?新东方给出的答案是:不在红海中和竞争对手正面厮杀,而是用差异化手段开创一个全新的品类。

和一众输出全靠吼叫,吵吵闹闹的直播间不同,"东方甄选"的直播通常是在安安静静的氛围下进行的,主播们人手一个小白板,在介绍产品时双语交替、诗词歌赋并行,以讲故事或唠嗑的形式,时不时给观众输出一些有价值的知识。

双语教学式带货直播,让观众在购买商品的同时,还获取了一些有价值的知识信息,所以很多网友打趣说:"我不是在买货,我是在为知识付费。"

这几年爆火的"螺蛳粉",出圈的底层逻辑其实也是重新定位一个新品类。

云南米线、贵州米粉、湖南米粉、南昌米粉……在我国广袤的南方地区,可以说有人的地方就有米粉江湖。螺蛳粉能从厮杀如此激烈的米粉江湖中冲出来,畅销海内外,很大原因是它没有直接在米粉这个大品类中正面突围,而是从螺蛳汤料、气味特殊这些差异化特征入手,在米粉市场中重新定位了"螺蛳粉"这个小品类。

重新定位时,如果原有的赛道已经很拥挤,正面突围难度大,那不妨从自己的差异化特征找找,看是否能开创一个新的品类,在小品类中率先突围。

4. 重新定位需要勇气和耐心

2022年6月,一个月时间"东方甄选"账号涨粉1 950万,账号粉丝突破2 000万大关,直播间销售额达到6.81亿元。仅看这些数据,会让人产生一种"东方甄选"直播间一夜爆红的错觉,但新东方的直播带货之路走得也不是那么顺畅。

从2021年底第一次开播到2022年6月爆红,"东方甄选"的直播间有半年多时间一直处于不温不火的状态,走红前的"东方甄选"直播间在线观看人数只有几百人甚至几十人,下单人数更是少得可怜,但哪怕是每场只有几十个观众的日子,他们也依旧会耗费大量心力去选品,并打磨、梳理讲解内容,摸索直播带货的转型之路。

只有挨过那些寂寂无名的夜晚,才能看到那条铺满繁花的路。

再看看我们自己:

当你想从传统电商转型做直播带货,连续一周每天上播一小时后,发现在线人数依旧只有几个人,你便会觉得自己可能不适合直播,所以直接选择了放弃;

当前的工作令你绝望沮丧,你想重新换一个工作环境,但想到为此还要付出更多时间、精力去适应,便选择了作罢。

每一次重新出发都需要足够的勇气和耐心,希望无论何时你都有从头再来的勇气,也有挨过寒冬黑夜的耐心。

二、你是否真的需要重新定位

人生难免会有一些需要推翻重来的至暗时刻,我们要随时做好从头再来的准备,一旦选择就要长期坚持。在准备推翻重来前,你要考虑清楚自己是否真的需要重新定位。

之前我收到过一个读者留言,他说:"我坚持发小红书已经快20天了,账号粉丝还没破百,我是否需要重新定位自己的账号?"

这个读者的问题,很多人在做自媒体初期都会遇到。我们甚至会看到部分人做自媒体的路径是这样的:因为喜欢旅行,开了一个账号准备做旅行博主,发了几条视频后,播放量和点赞数少得可怜,这时看到别人做美妆博主似乎涨粉很快,想到自己化妆技术也还可以,于是立马转换赛道去做美妆博主了,没过几天又觉得美妆博主不适合自己,此时发现知识干货赛道似乎更容易获利,又立刻转头去做知识类视频,结果没做几天又放弃了……

这样的人你很难说他缺乏从头再来的勇气,但这样的勇气即便再重来一万次,结果可能还是失败。这种一腔孤勇失败的原因也显而易见:一是心太急,坚持的时间过短;二是过于在乎数据,容易陷入增长陷阱;三是浅尝辄止、跟风换位,缺乏专注深耕的意识。

有多年用户基础,并且有专业人才支撑的新东方也是在转型半年后,才迎来了各项数据的攀升,为什么你只坚持了十天、二十天没看到明显的数据变化就要放弃重来呢?

当你每次决定重新出发时,请做好至少在这个领域深耕六个月的准备,以六个月为界限,拼尽全力后再考虑是否需要调整赛道,而不是浅尝辄止、快速换场。

如果你在某个领域已经有了一定的认知度和影响力,只因暂时增速不明显或暂时陷入停滞期,你想进一步扩大自己的影响力，那你需要的也不是重新定位，而是自我升级，否则你可能会像健力宝一样削弱自己原有的竞争力。

重新定位是背水一战，是置死地而后生。如果你已经到了绝处逢生的至暗时刻，那在重新定位时请记得做好这些工作：

第一步，了解他人对你已有的认知。

在重新定位前，你需要花费一些时间了解他人对你的已有认知，以便你进一步认知自己。

第二步，重新选择一个适合自己的定位。

尝试重新选择一个适合自己的定位，在重新定位时，记得不要放弃自己的独特性，在新的定位里也请保持好自身的差异化优势。

第三步，告诉自己会有一段难挨的日子。

人的认知不是短时间内就可以调整的。重新定位前，你需要做好充分的准备，给自己足够的时间和耐心，告诉自己：接下来你会度过一段更加难挨的日子，你需要打起十二分的精神面对它，熬过这段日子的你会很酷。

实用工具：用商业画布，画出你的人生方向

"工欲善其事，必先利其器。"人类文明的每次进步，都离不开工具的革新和使用。

前面我们介绍了一些自我诊断分析、个人定位、职业规划的方法，"好风凭借力，送我上青云。"好方法还要搭配好工具才能事半功倍，所以接下来我会给大家分享一个可以用于个人职业诊断和规划的实用工具：个人商业模式画布。

个人商业模式画布是从亚历山大·奥斯特瓦德和伊夫·皮尼厄提出的"商业模式画布"演变而来的一个可以用于个人诊断和规划的可视化工具。奥斯特瓦德在《商业模式新生代》一书中介绍了"商业模式画布"，该画布由重要伙伴、关键业务、核心资源、价值主张、客户关系、渠道通路、客户细分、成本结构、收入来源九个模块构成。

在"商业模式画布"基础上演变而来的"个人商业模式画布"

同样分为九个模块:

(1)核心资源:我是谁？我拥有什么？

(2)关键业务:我要做什么？

(3)客户群体:我可以帮助谁？

(4)价值服务:我可以帮助别人做什么？

(5)重要伙伴:谁可以帮助我？

(6)客户关系:怎么和对方打交道？

(7)渠道通路:我可以怎么宣传和交付自己的服务？

(8)收入来源:我能得到什么？

(9)成本结构:我需要付出什么？

具体如图2-2所示。

个人商业模式画布				
重要伙伴 谁可以帮助我	关键业务 我要做什么	价值服务 我可以帮助别人做什么	客户关系 怎么和对方打交道	客户群体 我可以帮助谁
	核心资源 我是谁？ 我拥有什么		渠道通路 怎么宣传、交付	
成本结构 我需要付出什么			收入来源 我能得到什么	

图2-2 个人商业模式画布图

1. 核心资源:我是谁？我拥有什么

"我是谁"即我的个性、价值观、兴趣等;

"我拥有什么"即我的知识、经验、技能、信誉背书等其他有形和无形的资产。

经过前面第一章自我分析和个人定位的梳理，相信你已经对自己的核心资源有了足够的了解，在填写核心资源这个模块时，你可以尽可能先把所有要素都列出来，然后再筛选自己区别于他人的突出要素。

2. 关键业务：我要做什么

每个"我"都有很多想要做的事情，填写这一部分时，"我"要做的内容取决于上面填写的"核心资源"，"我要做什么"需要和"我是谁""我拥有什么"相匹配，而非把想要做的事情全部列出来。

如果你近期有一个明确的职业目标，那么可以在"我要做什么"这个模块填上你的职业目标；如果没有，就把日常主要做的工作内容写下来。

3. 客户群体：我可以帮助谁

作为个人，我们的客户群体可以从两个方面考虑：

第一，需要依靠你的帮助来完成任务的人。比如，你的经理或其他向你支付报酬的合作伙伴；

第二，通过你的产品或服务有所收获，并能直接或间接给你带来收益增长的人。比如，你是知识类博主，粉丝通过观看你的视频获得知识,你的账号得到流量曝光,有了流量和粉丝基础后,品牌方可以通过购买你的服务完成宣传任务,所以粉丝、品牌方都是你的客户群。更直白一点,客户群体就是那些直接支付报酬给你,或间接给你带来收益的人。

4. 价值服务:我可以帮助别人做什么

价值服务是绘制"个人商业模式画布"时需要重点考虑的一个板块,是个人商业模式的基础内容。很多人在思考自己的商业画布时,容易把"价值服务"和"关键业务"混在一起,它们其实是两个完全不一样的板块。

"我"可以提供的关键业务,是站在自身角度思考的,而"价值服务"则需要我们站在客户角度去考虑。在填写这个板块时一定要思考清楚:你可以帮客户完成什么工作?你完成这些工作后,客户可以收获什么?

如果不站在客户角度思考清楚这些问题,将会直接影响我们"关键业务"的开展。比如,一名个人成长顾问,如果"价值服务"描述是:为个人成长提供咨询服务,这样的描述不聚焦,也没信服力,你根本无法从描述中了解到这个顾问可以为你做些什么,更别提后面建立信任、主动咨询了。同样是成长顾问,如果我们把"价值服务"改为"一对一个人职业规划指导"类似的描述,有职业规划需求的人就会主动去咨询这项关键业务了。

5. 重要伙伴：谁可以帮助我

重要伙伴，指的是那些支持你工作，可以帮助你完成任务的人。

这里的支持包括但不局限于出谋划策、任务分担、资源提供、资金支持，你的重要伙伴可以是你的家人、朋友、导师、同事、合作伙伴等。

6. 客户关系：怎么和对方打交道

填写"客户关系"这个板块时，可以从三个方面入手。

第一，沟通方式、沟通渠道。也就是，你和客户的沟通是线上沟通，还是线下沟通？是发邮件，还是打电话？

第二，关系维持的时间。即你们的合作是长期关系，还是一次性合作、一锤子买卖？

第三，你现阶段需要拓展客户，还是只需维持现有的客户关系？

7. 渠道通路：怎么宣传和交付自己的服务

渠道通路主要包括前期宣传、出售产品服务、交付价值、售后处理四个环节，也就是我们日常所说的"营销"。在填写这个板块内容的时候，你可以思考以下几个问题：

A. 怎么让目标客户群知道你可以帮助他们？

B. 怎么让他们信任你并最终购买你的服务或产品？

C. 他们可以通过什么渠道(实体店、互联网等)购买?

D. 你用什么方式交付你的服务和产品?

E. 如果出现售后问题,怎么处理?

渠道通路会直接影响"个人商业模式"的落地,所以你需要慎重考虑清楚上述问题,才能完成"个人商业模式"的搭建。如果这些问题你暂时还没找到答案,那可以先把这些问题写下来,接下来在本书第三章我们会聊到很多营销方法和策略,希望对你有所帮助。

8. 收入来源:我能得到什么

在这个部分,你可以写下自己的财富收入、精神收入来源。财富收入,包括你的工资、副业收入、基金股票收益、稿酬等;精神收入,包括满足感、成就感、发展机会、社会信誉背书等。

9. 成本结构:我需要付出什么

成本结构,既包括房租、学费、人员工资等这些有形成本,也包括时间、精力、压力、健康等这些无形成本。

"个人商业模式画布"这个工具,可以用于个人职业(包括主业和副业)诊断、职业规划、职业选择及未来发展规划,在绘制"个人商业模式画布"的过程中,我们能清楚地了解到自己的优势、不足,以及接下来要努力的方向,它会让我们的行动路线更加清晰。

第三章

策略：人人都需要的品牌思维

前面有一块藩篱。

绕过它？越过它？

转身离开？还是打破它？

产品思维：做自己的人生经理人

假如你不小心买了一支"雪糕刺客"，你的第一反应是什么？

"天哪！好贵！"

"什么？现在的雪糕居然那么贵了？"

对于买雪糕这件事，你的关注点是不是也在雪糕的价格上？

遇到问题马上用简化的直线思维寻找答案是大多数人的本能反应。但这个问题如果是产品经理来回答，那么他的关注点可能会是：为什么一支雪糕可以卖那么高的价格？高价雪糕究竟是卖给谁的？背后的营销逻辑又是什么？

看到这里，你可能会说，不就一支雪糕的事吗？价格太高了，下次不买不就行了，想那么多干吗？

对，这看起来确实是一件小事，但今天我们要讨论的不是买不买高价雪糕的问题，而是普通人成长过程中，如何跳出直线思维，借助产品经理人的产品思维不断发现问题、解决问题，提升自己的"产品力",进而实现自我迭代这一问题。

《产品思维30讲》主理人梁宁老师说:"产品能力是每个人的底层能力。"对于任何企业而言,产品都是其进入商业世界的第一块敲门砖,产品竞争力的强弱决定了交付市场后被接受和认可的程度。人的一生,其实也是一个不断提升自身竞争力,打包自身资源,将价值交付给世界,并获得回报的过程。从某种程度来说,我们跟社会接触的过程,其实也是"打造"自己的过程,我们在打造"自己"这个超级产品,而我们本身就是"自己"的产品经理人。

那么,如何当好自己的"产品经理人",提升自身的"产品力"呢?这就需要产品思维了。

什么是产品思维?每个产品经理都有自己的答案,但不管哪种答案,产品思维的核心都离不开用户、迭代这两个关键词。

就拿前面提到的高价雪糕来说,从十元到数十元,为什么一支雪糕可以卖那么高的价格?又是谁在为高价雪糕买单?

当下,各式"有颜有料"的高价雪糕已经成为年轻人的一种社交分享工具,尤其是在一些旅游景区,买文创雪糕、打卡拍照、发朋友圈似乎已经成为标配。

作为一种降温消暑的"神器",雪糕其实并不是"天生糕贵"。

平价雪糕越来越少,高价雪糕层出不穷,背后原因是新生代成为市场主力消费群,他们对产品价格敏感度较低,相较于产品功能价值,他们更注重产品的情感价值。

拥有独特产品造型、创新口味和特定消费场景的创意类雪糕,刚好触动了年轻人即时满足(降温消暑、甜蜜治愈)和实现虚拟自我(有文化、有品位的生活方式)的痛痒点,雪糕在功能价值上多了一份社交属性和情感价值。于是,年轻人愿意乐此不疲地为其买单。

你看,由于用户消费需求的改变,雪糕这种我们再熟悉不过的产品,正在经历一次又一次的迭代。那么,个人作为一个超级"产品",又该如何借助产品思维打造自身难以替代的竞争力,实现迭代升级呢?

一、向外:洞察用户需求,提升共情力

好的产品,都懂得以用户为中心。

回忆一下,那些能"撬开"你钱包的产品,是不是都像上文提到的雪糕一样,满足了你的某种需求,解决了你的某个问题,或为你提供了某种价值,与你建立了某种情感呢?

比如,你喜欢喝某某奶茶,那它必定在某个方面打动了你,这个打动你的点可能是价格,可能是味道,也可能是价值主张,抑或是其他别的。

无论如何,好的产品,大概率能在某个方面和你达成情感共鸣。每个人都是一个超级"产品",我们接触到的所有人都是我们的用户。要经营好"自己"这个超级产品,获得"用户"的青睐,同理心必不可少。

何为同理心?简单来说,同理心就是站在对方角度,看别人之所见,想别人之所想,感受别人之感受。但事实上,作为独立的个体,每个人看待问题的方式千差万别,感知世界的方式也截然不同。正所谓,"子非鱼,安知鱼之乐?"如何才能在截然不同的个体之间建立同理心的桥梁呢?

首先,抛开个人想法,一心一意察觉对方。

每个人都有自己对事物独特的感知力,如果凡事都只从自身角度出发,我们和"用户"之间,就很可能会因为主观感知的差异而产生摩擦。所以,同理心的建设,需要我们暂时抛开个人想法,专注去察觉对方的情绪和背后的需求。

举个例子:A 和 B 都是茶饮店的点单员,对于门店规定不能进行去糖操作的饮品,用户提出了去糖要求,以下是 A 和 B 的回答。如果你是用户,你会更喜欢哪种回答?

A:对不起,这个饮品我们规定是不能做无糖的哦。

B:不好意思,我们这个饮品暂时没有无糖选项,请问您这边是需要严格控糖,还是不喜欢太甜呢?我们可以给您用代糖,做成三分甜,您看可以吗?

我想你应该和我一样,觉得 B 的回答更巧妙一些。同样是告知用户无法进行无糖操作,我们来看看 A 和 B 的做法究竟有何不同。

首先看 A 的做法,A 从自身角度出发,向用户传递了一条门店硬性规定,礼貌拒绝了用户需求。而 B 虽然也拒绝了用户提出的原始要求,但他站在用户角度,洞察了用户提出"去糖"这一要求背后的原因(爱美人士或本身不喜欢太甜等),并且主动为用户提出了解决方案(用代糖做成三分甜)。这种情况下,如果你是用户,是不是也很难拒绝 B 的提议呢?

洞察用户真实需求,并及时给出正面反馈,这是建立同理心的第二步。除此之外,搭建同理心桥梁,还需要我们有"利他之心"。

"利他",看到这两个字时,你可能会觉得冠冕堂皇,心想人的本性都是自私的,哪有那么多无私的人?但其实,很多事情如果我们把他人的利益作为出发点,结果往往会比从自身利益出发好很多。

就像一个销售,如果只从自身利益考虑,执着于向所有用户兜售高利润产品,那就算你把产品说得天花乱坠,用户十有八九也不会动心。但如果你仔细倾听每个用户的需求,再根据他们的真实需求和实际情况帮他们选择合适的产品,那销售业绩自然不会太差。

正所谓,"将欲取之,必先予之。"当你具备高度同理心,凡事能从他人利益出发,周遭的一切自然也会对你和颜悦色。这样看来,利他其实是更高境界的利己。

二、向内:减法策略,优先解决痛点需求

做产品,需要以用户需求为导向,尽力满足用户需求。但事实上,没有任何一个产品能满足所有用户的需求。

就拿每个人都要使用的洗发水来说,一个小家庭中会有好几种不同的洗发水。原因再简单不过,你的头发需要蓬松,老妈的头发需要柔顺,老爸的头发则需要控油去屑……你看,即便是亲密无间的家庭成员,对洗发水的需求也可能是截然不同的。

我们去超市或电商平台转一圈,会发现畅销的洗发产品都有一个特点:用户群和核心功能高度聚焦。有经验的产品经理在做产品规划时,并不会试图去讨好所有用户,他们会在确定目标用户,洞察用户需求后,把用户需求按重要程度划分优先级别,然后把有限的精力和资源集中在满足用户核心需求上,在此基础上做产品研发。

简而言之，好的产品经理，都知道给产品做减法。

1997年，乔布斯重返苹果时，苹果账上资金仅够维持公司两个月的运转。就在苹果濒临破产之际，乔布斯回归，运用"减法策略"对当时的苹果进行了大刀阔斧的重组，成功带领奄奄一息的苹果度过了至暗时刻。

当时，苹果的产品线十分臃肿，而且很多产品早已丧失市场竞争力，却耗费着公司大量的资金和人力。于是，在一次产品战略会上，乔布斯大笔一挥，一横一竖画出了"四格战略"，把"台式机""便携机""消费级"和"专业级"四个关键词作为苹果之后的产品方向。

之后，和这四个关键词无关的业务都遭到了血洗。最终，在大规模裁撤业务，产品线化繁为简后，苹果起死回生了。

立足自身现实，抛掉一些不必要以及和现状不匹配的内容，找到核心，聚焦发力，这是"减法策略"原则。乔布斯利用"减法策略"带绝境中的苹果起死回生，作为自己的产品经理，我们同样要学会用减法给自己赋能。

你可能会说，不是加法更能助力成长吗？

确实，我们需要加法来丰盈自己的知识阅历，但人的精力是有限的，同一时间如果你这也想做，那也想做，结果往往是什么都做不好。

以我自己为例,大学时我一度想学除英语外的外语。于是,我既选修了韩语课,又报了日语班,结果两种语言不断在脑海中打架,把自己搞得疲惫不堪,就连原本还不错的英语成绩也一落千丈。就这样折腾了一个学期,我的外语学习大计就偃旗息鼓了。

人的需求是无止境的,但这些需求很难同时都得到满足,所以我们要学会用"减法策略"给需求做排序,做取舍。如果当时的我知道给自己的需求"断舍离",只专注去学一门语言,结果大概会好很多。

往事不可追,好在现在的我学会了给自己做减法。每当需求过多陷入两难时,我会静下心来认真追问自己,现阶段我最想要的是什么,然后坚定目标,朝着自己最想要的点集中发力,这个目标达成之后,再换下一个目标去突破。就像现在我的需求是这本书顺利出版,所以我那些关于考研、绘画的愿望会被暂时收起,而把精力全都放在文字内容输出上。

三、认知升级,自我迭代

产品基于用户需求开发上市后,并非就一劳永逸了。任何一个产品要想不被市场淘汰,必须不断迭代,以适应瞬息万变的消费需求。

关于迭代,有一个经典产品理论 MVP 原则,即"最小可行性产品"原则,其中 M 代表 minimum(最小),V 代表 viable(可行),P 代表 product(产品)。

这一原则的核心是用最小的成本、最可行的方式做出一个简单的产品原型推向市场,然后根据市场和用户反馈,不断修正优化产品,迅速迭代。

举个简单的例子,我们每天都使用的手机、电脑等电子产品和社交 App,从 1 到 N,是不是都离不开我们的参与、反馈呢?身为用户,我们的需求、反馈影响了生活中大多数消费产品的更新换代方向。那么作为自己的产品经理人,我们是否也可以用 MVP 原则助力自己迭代升级呢?

答案是肯定的。在所有的成长方式中,学习无疑是成本最低、最可行的一种方式。

不过,你是不是也有类似的经历?明明看了很多书,学习了大量的方法,觉得都很有用,可是自己真正去做时却发现和想象中的并不一样。这是因为,如果只是一味地摄入知识,不进行内化吸收和输出验证,那就永远无法找到适合自己的方法。

就像消费品要经过测试、反馈、市场验证一样,实践检验是个人迭代的必经之路。打个比方:你去学习做菜,做完了如果不吃,就永远无法知道它是否美味。你只有亲自尝过了,才知道咸淡、火候是否合适,才能在之后的制作过程中,不断优化配方,更好地控制火候,直到做出自己满意的菜品。

对我们而言,每一次实践,都是验证"自己"这个产品当前竞争力的过程。实践验证没有对错之分,验证结果却总是喜忧参半。面对"喜"的验证结果,我们都知道要遵循方法,放大优势继续努力。面对"忧"的结果,很多人可能会选择就此作罢或自怨自艾,但如果你真的这样做了,那"自己"这个产品就只能一直停留在原点了。

假如科学家在做实验时,仅仅因为一次实验失败就放弃,那很多伟大的发明就无从谈起了。自我迭代的关键在于,即便面对糟糕的验证结果,依然有推翻重来的勇气。每一次推翻,都是自我新旧观念的碰撞。在这个过程中,我们不断反思、修复、重建自己的思维和行为模式,实现认知升级,最终完成自我从 1 到 N 的迭代。

成长的本质,是通过认知升级完成自我迭代。不断学习—内化吸收—输出验证—推翻重组—认知升级,这是个人迭代实现的基本路径。至于具体怎么实现认知升级,我们会在之后的章节详细聊。

品牌思维：为自己创造长期价值

作为营销行业从业人员，这两年我明显感觉到很多企业的营销预算都在大幅缩水，甚至不少客户直接表示当前的目标就是生存，搞流量、做网红爆品、快速创收才是王道。

就在很多企业大幅削减品牌营销费用，甚至直接放弃做品牌时，2021年，云南本土速溶咖啡自营品牌"肆只猫"邀请有"中国最贵营销公司"之称的"华与华"完成了全新的品牌战略升级。

而在几年前我和他们的营销总监交流时，"肆只猫"的企业发展战略还是以"产品思维"和"流量思维"为主。彼时站在淘宝、天猫的红利高地上，"肆只猫"凭借超级性价比的定价策略和原产地优势，搭乘平台红利快车，产品销量一直稳居同品类前列。

这两年，随着传统电商平台红利衰退，流量获客成本不断攀升，很多搭乘平台流量快车跑出来的小微企业，不得不去认真思考做品牌了。

没有品牌就没有流量主权。时代红利就像潮水一样一波接一波，但再好的红利都有退潮的时候。如果不做品牌，只是单纯抓流量、做爆品，那当红利退去、消费者注意力分散后，剩下的恐怕就只有企业主的暗自神伤了。就像那些曾在街头爆火的"网红小吃"，因为缺少品牌内核和核心竞争力，爆火之后马上会被同质化的产品所替代。

所以，能经过市场反复验证，跨越经济周期、产品品类，和用户缔结信任，和时间成为朋友的只有品牌。因为产品的本质是满足用户需求，而品牌的本质是满足用户欲望并持续向用户兑现承诺，最终实现"溢价"。

举个简单的例子：太渴了想喝东西，这是需求，那么这时候矿泉水、饮料、奶茶这些产品都能满足我的需求。今天上火了，我想喝瓶凉茶，这也是需求，那么这时候我的第一选择是王老吉，这是品牌，因为"怕上火，喝王老吉"，这是王老吉长期对顾客的承诺。

一个产品、一个企业，如果只做一年两年，那么不需要做品牌，但要长远做下去，想让自己更值钱，那品牌化是必不可少的路径。其实，不单是商业产品和企业，个人的长期发展同样也需要品牌思维。

一说到做品牌，很多人第一时间想到的是需要多少投入、多少预算，做多少广告，多久能看到成效等这些现实问题。但我们这里说的品牌思维，并不是要你去做多少广告，投入多少金钱，而是要你有一种敢于对公众表达承诺，并长期践行承诺的长线思维。

普通人如何养成品牌思维，我们可以从三个经典的品牌模型中寻找答案。

大卫·艾克品牌资产五星模型认为品牌包含品牌知名度、品牌认知度、品牌专有资产、品牌联想度和品牌忠诚度五个维度。

凯文·莱恩·凯勒的CBBE模型认为一个品牌包括品牌标识、品牌内涵（绩效、形象）、品牌反应（评价、感觉）、品牌关系（共鸣）四个层次（包含六大要素）。

大卫·奥格威品牌动力金字塔模型则是把品牌和大众消费者间的关系分为了品牌存在、需求相关、表现出色、具有优势、情感绑定五个阶段。

这三大品牌模型看似不同，但仔细对比，你会发现三个模型中顾客和品牌的关系其实都是在"认识—认知—认同—认购"的过程中建立起来的。具体如图3-1所示。

其中，第一阶段认识是记忆反应，告诉大众"你是谁"；第二阶段是认知反应，告诉大家"你是干什么的"；第三阶段是情绪反应，这一阶段需要让用户感知到"你和我有什么关系"，从而产生

策略：人人都需要的品牌思维　第三章

层级	大卫·艾克品牌资产五星模型	凯文·莱恩·凯勒的CBBE模型	大卫·奥格威品牌动力金字塔模型
认购（行为反应）			
认同（情绪反应）	忠诚度 联想度	品牌关系（共鸣）	情感绑定
认知（认知反应）	认知度 专有资产	品牌反应（评价、感觉） 品牌内涵（绩效、形象）	表现出色 具有优势 需求相关
认识（记忆反应）	知名度	品牌标识（显著性）	品牌存在

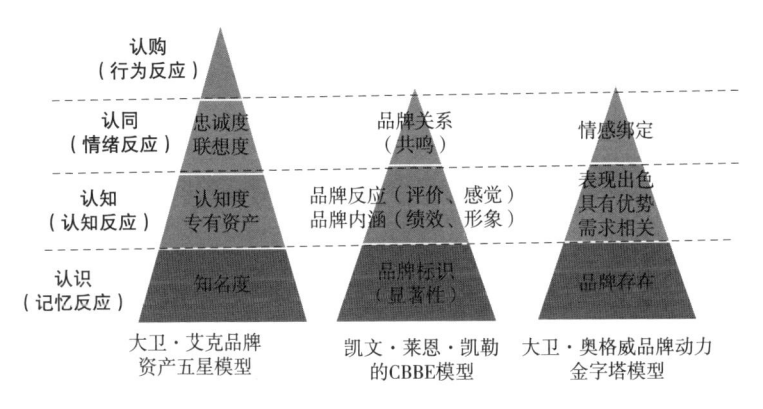

图 3-1　三大模型对比图

认同感；第四阶段是行为反应，告诉顾客一个持续购买"你"的理由。

从这三个品牌基本理论中，我们可以发现品牌的形成并非朝夕之事，品牌思维的养成也不是一蹴而就的。说到底，品牌思维的核心就是用长期主义为自己创造长期价值。那么，具体如何养成品牌思维，践行长期主义呢？

一、带有品牌思维的长期主义≠长时间坚持

很多人对长期主义的理解是，长时间坚持做一件自认为对的事情。但是，自认为对的事不一定是正确的，所谓"失之毫厘，谬以千里"，如果坚持的方向开始就错了，那时间越长结果只会越糟。比如，部分人减肥时坚信只有饿才会瘦，长时间不

吃肉,拒绝碳水化合物,将节食减肥进行到底,那最后的结果可想而知。

我们需要长时间践行长期主义,但长期主义不等于长时间坚持。带有品牌思维的长期主义,"长期"不是时间上的长度,而是事物发展的曲线周期。事物的发展曲线往往有起有伏,有高有低,我们要做的是根据自身情况,审时度势找准曲线方向,然后目标坚定地朝着曲线顶峰走去。

这个过程中,请一定记住两句话:第一,所有目标都无法一蹴而就;第二,你的目标终究会实现。这两句话,一句让你减缓目标暂时无法达成带来的焦虑,一句让你坚定前行,保持持之以恒的决心和勇气。

至于如何找准方向,我们在第二章中已经具体聊过,希望你可以通过学习、实践早日找到属于自己的人生方向。

二、用差异化优势,找到自己的长期增值驱动力

人需要增值,品牌需要发展。如何用品牌思维撬动自己的人生增值杠杆?润米咨询创始人刘润老师分享过这样一个公式:$Y=\alpha+\beta X+\mu$。

这个公式中,Y代表增长,α是个体差异化优势,β是行业机会和赛道选择,X是所处的大环境和时代红利,μ是意外或命运。

从这个公式里我们可以清楚地看到个体差异化优势、行业机会、时代红利、意外都可以带来增长。在所有的增长变量中，行业机会稍纵即逝，时代红利不可逆转，命运的安排时好时坏。不确定的时代里，意外甚至会让一切努力突然清零，自身差异化优势却是能自我控制，并且持续保持正向增长的。

你可能听过"站在风口猪都能飞起来"，也听过"选择比努力重要"。也许大环境好的时候，站在"风口"、选对赛道，顺风而起的"猪"真能起飞，但当不在风口或遭遇寒冬时，能创造增长点、带来收益的只有你自己。

以我自己为例，2021年我们决定开实体店做文创，当时因为考虑到文创本身受众面窄、消费频次低等，我们决定以"小众文创产品+大众消费品"的模式开店，尽可能降低亏损风险。

对于大众消费品的选择，我们在考虑烘焙、咖啡、茶叶等多个赛道后，根据自身现有能力及资源配置情况，最终无奈选择了茶饮这条竞争激烈，并且已明显下行的赛道。

选择茶饮赛道是无奈之举，但也是我们当时能找到的最小试错成本方案了。作为营销人，我们在开店前就已经清醒地知道，茶饮只能作为起步初期的暂时之选，而非长期必选，我们得在实际运营中不断调整经营、匹配资源，找到比茶饮更适合的大众消费品嫁接到文创中，才能让品牌存活下去。

但即便是带着这种清晰的认知,我们还是在没来得及调整经营的情况下,就被迫卷入了2022年初各大茶饮品牌的价格混战中,混战的结果是:人财两空,身心俱疲。一系列的折扣、优惠活动,并没有给我们带来更多的客户增长,只是平白增加了团队的工作量和运营成本,最终搞得大家身心俱疲,还因为耗费了太多精力在价格竞争上,失去了很多营销业务合作的机会。

最终在团队复盘后,我们意识到这段混战的日子已经让我们初创的小品牌完全偏离了发展轨道。我们的定位是文创品牌,而非茶饮品牌,用户希望我们呈现的是更多有趣实用的文化创意产品和对在地文化的另类挖掘演绎,而非随处都可以买到的一杯奶茶。

作为创始人,我们自身的差异化优势也不是茶饮研发,而是文化创意和品牌设计开发。意识到这些问题后,我们及时止损,主动退出了这场茶饮行业的价格大乱战,重新回归到文创产品设计、开发和品牌设计上,很快促成了几个不错的项目合作。

从增长角度而言,无论是文创产品本身,还是茶饮,都没给我们带来收益的正向增长。但通过这个小小的自创品牌和产品,我们有了更多的营销实战经验,和外界实现了更大的交互,也链接了更多的客户资源,当然也得到了一些很不错的合作机会。整体而言,这个品牌带给我们的是正向增长。

对于企业和个人来说，保持增长最可控的方式就是强化自身，而在这个高度不确定的时代，强化自身最好的办法就是找到自身的差异化优势，并不断扩大优势，让差异化成为自己稳定的增值驱动力。

三、坚持做好每件提升自己的小事，为品牌蓄能

曾经有一段时间，互联网上流传着这样一个做品牌的套路：2万篇小红书笔记，8 000条抖音，2 000条B站视频，外加一个头部主播，就可以做成一个新消费品牌。

这段话似乎给我们传递出这样一个讯息：只要投入足够的营销成本，就可以用广告砸出一个品牌。我接触的很多客户，也认为做品牌最重要的环节是营销，所以他们总会说"现阶段品牌先放一放，等有钱了再一次性砸广告"。但是，真的仅靠营销就能砸出一个品牌吗？或许是我们听过太多一夜爆红的故事，这让我们也会情不自禁期待有朝一日锦鲤附体，一炮而红，但世上哪有那么多一夜爆红？

用品牌思维经营自己，首先要学会放下一炮而红的念头，从这一刻开始坚持做好每一件可以提升自我的小事，为个人品牌蓄能。比如碎片化时间阅读。很多看起来毫不起眼的小事，起初很长一段时间你不会看到任何改变，但长时间累积发酵会让

你收获奇迹。

品牌思维是一种可以长期、稳定为个人成长创造附加值的复利思维。在这个不确定的时代,用品牌思维找到自己的差异化优势,并不断放大,是你最可控的人生增值方式。此外,用品牌思维经营人生,要学会卸下一夜爆红的妄念,从坚持做好每件小事开始,不断为品牌增值蓄能。

营销思维：亲爱的，你值得被"看见"

职场剧中总出现这样的剧情：踏实低调的女主角，明明工作认真又努力，工作能力和专业素质也不差，但在公司始终是个透明人，加班熬夜做方案的是她，打杂倒水的还是她，可以汇报露脸、升职加薪的却永远不是她。

类似的情形你是不是也深有体会：为什么我明明那么努力认真，领导却永远看不到？为什么我各方面都不算差，却总是离好运差一点儿……

如果你也有类似的困惑，那可能是因为你没有自我营销思维。

看到这里，你可能会说："没必要吧，是金子总会发光的。"

我们很多人从小被教育"行不扬，谦为人"，坚信"是金子总会发光"，对于自我营销这件事多少有些排斥，甚至有人还会认为"自我营销"就意味着夸大和欺骗，对此避之不及。

就拿我自己来说,作为一个职业品牌策划人,我深知营销对于每个企业、个人的意义,但几年前的我,同样傲慢地认为"自我营销"这个词语充满了精致功利主义的恶臭。

直到2016年,我从前东家辞职,成为一名自由职业者,再然后一头扎入创业大军,创业过程中的无人问津和四处碰壁,让我真切感受到了自我营销的重要性。

和很多创业者一样,创业之初我们手上客户资源很有限,仅有的几个客户,大多是无意中看到我们的作品而主动找到我们的。

一次偶然的聚餐,我认识了一位同样刚开始创业的同行,因为项目经验几乎为零,她手头的资源甚至比我们还要少些。

也许是同行之间的惺惺相惜,那次聚会我们交换了微信,之后她经常在微信上向我询问一些专业问题,诸如"基础研究报告怎么写""品牌定位和品牌主张的区别"等,我被她的勤奋好学所感染,自然很愿意向她分享一些自己的专业感悟,偶尔也会把自己的一些作品案例发给她作参考。

后来,她开始不间断在朋友圈展示自己的作品,那些作品里甚至有的原封不动使用了我的创意。再后来,她活跃在各种展会上,主动推介自己的作品,当时的我只觉得这种包装并四处兜售自己的行为不够体面,便渐渐和她少了联系。

大约半年以后,她再次联系我,表示手上有一个日化品牌的全案,问我有没有兴趣。然后,我才从其他同行口中得知,短短半年时间,她的工作室已经有了很多不错的项目,因为人手短缺或项目经验受限,她之前就向不少同行外包过项目。

我曾一度以为,做专业技术的人只要修炼好自己的专业技能,就一定会有一束光为你而亮。但事实上,越是专业的人,越要学会展示自己。你主动告诉别人你是谁,别人才更容易看到你的价值。

世界著名小提琴家乔舒亚·贝尔曾在地铁站开过一场特殊的演奏会。一个工作日的上班高峰时段,乔舒亚·贝尔用世界制琴大师制作的小提琴,在地铁站的垃圾桶旁,声情并茂演奏了六首不同时期大师们的经典曲目。这场特殊的演奏不收取任何费用,你只需任意在琴盒里放几枚硬币作为报酬,或者你也可以什么都不做,只是驻足聆听,享受音乐。

世界顶级的小提琴家,用同样顶级的小提琴,在地铁站免费演奏世界名曲,你想象一下,这该是一场多么盛况空前的演奏会。

但事实上,这场演奏直到开场3分钟后,才有人注意到贝尔的存在,之后的43分钟演奏时间里,一共有1 097个人路过现场,但这些人中仅有7个短暂驻足听了贝尔的演奏。

而就在三天前,贝尔在波士顿音乐厅的演奏会,哪怕每张票需要支付100美元的高昂票价,现场都座无虚席。你看,同样都是演奏会,有没有向观众展示你是谁,呈现的是两种截然不同的现场效果。

有时候是金子也不一定发光,酒香也怕巷子深。我们假设一下,贝尔的这场特殊演奏会,如果在现场放置一块类似"著名小提琴家乔舒亚·贝尔地铁演奏会"的宣传牌,那现场又该是怎样一番情景呢?

注意力稀缺的时代,如果不会主动展示自己,那么即便是乔舒亚·贝尔这样在某个专业领域顶尖的人才,也有可能会被淹没在人海中,更何况是普普通通的我们呢?

毫无疑问,人人都需要营销思维,自我营销是值得每个人投资的增值能力。那么普通人如何培养营销思维,提升自我营销能力呢?我们需要摆正认知,重新认识自我营销。

身处"营销号"泛滥的旋涡中,很多人容易对营销产生虚假、吹牛等负面联想。但其实,管理学中的营销和为了达成某种目的而故意扰乱网络、引导舆论的营销是有本质区别的。

管理学中的营销,是一个洞察用户需求,传递产品价值,在用户了解产品之后自愿购买商品的过程。我们前面说,每个人都可以是一个超级产品,那自我营销,顾名思义就是一个展示自我能力,传递自身价值,给自己创造附加利益的过程。如果单从概念来看,自我营销似乎是一件很复杂的事情,但其实从小到大,我们一直在有意无意地进行自我营销。

小时候,为了成功当选班干部,我们总是会精心准备自己的竞选稿、才艺表演,使尽浑身解数为自己争取更多的选票;

找工作时,我们需要根据工作特性、岗位需求,在有限的时间里尽可能向面试官展示自己的能力,让他们觉得聘用自己是一个明智之选;

甚至我们日常的交友,也可以理解为一次次自我营销,人际交往大都是在双方一次次展示自我中徐徐展开的。

你看,就是这样一次次的自我价值展示,编织了我们的生活和交际圈。

但千万要记住,自我营销绝对不是虚假包装,哄抬自身价值。俗话说,"打铁还需自身硬。"营销不是欺骗,自我营销的前提是实力。如果自身没有硬实力,那再好的营销技巧,最终都会翻车。

就像前文中我那个同行,在创业起步阶段,她凭借超强的自我营销意识,很快就获得了不错的项目资源。但由于她把所有精力都放在了如何美化包装自己,忽略了自身和团队业务能力的精进,最终导致很多项目收效不理想,慢慢地,她工作室的坏口碑就在业内传开了,她的很多客户也因此流失。

明珠也会蒙尘,酒香也怕巷子深。自我营销,不是让你把顽石包装成明珠,把劣酒硬说成佳酿,而是让你拥有自扫灰尘、自清障碍的能力,让世界看到你的价值。

故事思维：人人都需要的底层思考方式

一、我们为什么需要故事思维

我们为什么需要故事思维？

回答这个问题之前，请你和我一起来还原一个学生时代的经典画面。

老师在讲台上激情万丈，你的同桌张三在课桌上苦战瞌睡虫，只见他双手用力托着腮帮，苦苦支撑着自己的脑袋，用仅存的一点儿清醒，努力控制着上下眼皮的合理间距。但最终张三的上下眼皮还是没逃过该死的亲密接触，他的脑袋也在几次无规则的晃动之后，重重"砸"在了课桌上。

老师犀利的目光扫射过来，你伸出食指用力戳了一下张三，张三猛地睁开了双眼，几秒钟过后，又沉沉地睡了过去。

老师的"冷箭"又一次扫射过来，你试图再次"拯救"张三，但结果和之前并无二致。

而后,老师的讲述从知识点转为和这个知识点相关的奇闻异事。然后,神奇的一幕发生了——你那睡生梦死的同桌张三清醒过来了,他挺直身板沉浸于老师的讲述中。

一个星期之后的月考,张三向你抱怨:"哎呀,这道题老师明明讲过的,为什么我就是想不起来答案,只记得他讲的那个故事。"奇妙的是,明明全程都在认真听讲的你,居然也只记住了故事,没记全答案。

人生来就喜欢听故事,看到这儿,你是否感受到了故事的力量呢?先别着急,我们再来看一个场景。

你在超市闲逛,看到精品水果区的桃子红彤彤的特别诱人,导购敏锐地察觉到你的心动,热情地给你介绍了桃子的产地、口感,甚至营养价值,你对桃子的心动值持续攀升,但在看清价格的那一刻,你还是选择了转身离开。

几天后,你躺在床上刷手机,你喜欢的主播正举着一个桃子,回忆自己小时候父母不在身边,只能借住舅舅家,一到桃子成熟的季节,外婆总是会把最大最红的桃子挑出来留给自己。于是,现在只要看到桃子,主播就会想到自己的外婆,桃子的味道就是外婆的味道。

听到这里,你也想到了自己的外婆,想到了她对你的偏爱,于是你毫不犹豫地下单了主播介绍的桃子,尽管那个桃子并不比你在超市看到的便宜。

故事创造力量,有时候一个简单的故事,远比理性客观的知识和逻辑清晰的道理更能打动人。人际沟通中,故事是一个无可替代的说服力工具,因此我们的成长技能中必须有一项,那就是讲好故事。

如何讲好故事?好莱坞编剧教父罗伯特·麦基用"冲突颠覆生活"六个字概括了好故事的核心。为什么简单的六个字能成为好故事的核心呢?

你可以回想一下追剧、追小说时,当主人公突然遭遇生活变故,这时你是不是迫不及待想知道后续故事走向,恨不得一秒直通大结局。为什么理性的我们,总会在这时欲罢不能?

这是因为编剧利用了冲突制造悬念,在我们大脑中创造了"真空",而我们的意识绝不会允许"真空"的存在,为了填补"真空"使内心得到满足,我们就会一直被故事情节所牵引。

总的来说,好故事一般有以下二个阶段:

第一,生活出现"变量"。比如"孙悟空大闹天宫"中,孙悟空被玉帝从花果山召到天庭当弼马温,这个阶段"美猴王"原本的生活被打破,"真空"出现、悬念开始。

第二,意外击败努力。这个阶段主角努力想回到原本的生活中,但总有意外发生打断努力,这时悬念加强,更大的"真空"出现,观众的心被紧紧抓牢。就像嫌弃官职小,一心只想回花果山称王的"齐天大圣",被玉帝派天兵捉拿,捉拿失败又被派去管理蟠桃园。然后,有了偷吃蟠桃、偷吃仙丹、大闹天宫的情节。

第三,得到心理满足。无论努力成不成功,每个故事的最后都需要把观众的"真空"填满,让他们在结局时能得到情感满足。就像"孙悟空大闹天宫"这个故事的最后,如来佛祖把孙悟空压在了五行山下,并告诉他数百年后会有人放他出来,这时,无论结局好坏,观众的心都得到了满足。

看到这里,你可能会说,好故事需要有冲突、有悬念,这样才能足够吸引人。但现实中大部分人的生活既没有波澜壮阔的经历,也没有跌宕起伏的情节,这样还能讲好故事吗?

故事的好坏,关键在于你有没有故事思维。学会下面六大故事类型、两个锦囊妙计,你也可以成为说服力、感染力强的故事高手。

二、提升说服力的六大故事类型

养成故事思维,首先要解决的是"讲什么"的问题。

世界故事大师安妮特·西蒙斯在《故事思维》一书中列出了每个人都应该学会的六大故事类型,即"我是谁""我为何而来""我的愿景""授人以渔""自己经历的"以及"我知道你们在想什么"。

"我是谁"解决的是初印象和信任问题,以此找到双方信息传递的突破口;"我为何而来"则以诚恳的态度,向对方表达了你的意图和动机,让对方打消疑虑,相信你后面讲的内容。就像《西游记》中唐僧时常挂在嘴边的"贫僧唐三藏,从东土大唐而来,去往西天取经",短短三句话,就言简意赅地表达了我是谁,我为何而来,我将到哪儿去。

当别人知道了你是谁,也知道了你为何而来,接下来就可以通过"愿景"故事,让对方找到你们彼此的共鸣点或共同利益,和你一起感同身受,用情感共鸣打动对方。

开始做文创品牌后,我们的很多合作伙伴、客户都是被品牌的"愿景"故事吸引而来的。作为小众文创品牌,我们的愿景是"从在地文化出发,探寻城市文脉、文旅生活、青年文化,用文创演绎城市故事,连接一切富有活力的、有趣的生命体,和城市文化共成长",基于这个愿景故事,创业初期在没投入任何宣传费用的情况下,我们便得到了不少志同道合的伙伴的支持。

如果你面对的是需要给别人传道解惑的情景,除了照本宣科和一味地给对方讲道理,可以试试用"授人以渔"的故事启发对方,让对方真正体会到背后的道理,学会主动学习,努力达到事半功倍的效果。

几乎所有的观点表达都离不开事例的支撑。当你要表达某种主张时,讲述自己亲身经历或别人经历的故事,要比一切假大空的口号效果更好。

最后,是"我知道你在想什么"的故事,这是一个可以有效降低对方戒备心,进一步强化信任,提升说服力的故事。比如,我们找老师、领导请假时,如果提前规划好学习、工作计划,向对方传递出请假不会影响学习、工作的信号,是不是更容易请到假呢?

除了基础的故事模板外,故事思维的养成还需要我们不断发现、累积、更新故事素材,并通过讲述、写作等输出形式强化自身故事表达能力。在分享故事时,如何让自己的故事更具有吸引力和说服力呢?下面两个简单易用的小方法,或许可以帮助到你。

三、两个锦囊妙计,提升你的故事吸引力

1. 用"ABT"结构代替"AAA"型叙事

很多时候我们的表达没有吸引力,是因为我们习惯了"AAA"式结构表达。

什么是"AAA"结构?举个简单的例子,小时候写题为"一件

难忘的事情"的作文,有同学是这样写的:

今天,妈妈带我去游乐场玩。我玩了旋转木马,玩了过山车,还玩了我一直想玩的海盗船,坐在海盗船上……今天真是难忘的一天啊!

这种大而全的"流水账"叙事就是"AAA"型结构,这种叙事方式表面上看似乎清晰地展现了故事全貌,但其实这种没有任何起伏的陈述,是很难让人印象深刻,形成记忆点的。

所以,讲好故事最简单的方法就是把我们习惯的"AAA"型叙事变为"ABT"式结构,即从 and(然后)……and(然后)…………and(然后)…………的叙事,变为 and(然后)…………but(但是)…………therefore(因此)…………的表达。其中,"but"在整个叙事中至关重要,它是用来引出冲突的,有了冲突,人们就会本能去探究冲突的原因,进而产生继续阅读、聆听的欲望。

不信我们用"ABT"结构把前面"难忘的一件事"这篇作文简单改写一下:

我一直很想坐海盗船,今天妈妈终于带我去游乐场玩了,我也坐到了心心念念的海盗船,但是……

但是什么呢?看到这儿,你是不是对后面的故事充满了好奇?

2. 用口述"蒙太奇"代替"长镜头"叙述

我们平时说话,很喜欢用前因后果的方式去表达,这种表达方式就像一镜到底的长镜头一样,逻辑清晰,但容易让人产生疲惫感。想要让自己的表达更具吸引力,可以尝试使用口述"蒙太奇"的方式。

说到"蒙太奇",大家应该不陌生。影视剪辑中任意两个不同镜头的剪辑拼接都可以被称为蒙太奇。蒙太奇的运用为影视作品提供了更自由的叙事方式,日常叙事中如果加入"蒙太奇"手法,同样可以让我们的表达增色不少。

比如,当你漂泊在外十分想家时,你会怎么表达自己的思乡之情呢?现在,你可以短暂停下来思考一下自己的答案。

然后,我们一起来看看马致远是如何运用"蒙太奇"手法表达思念之情的。

"枯藤老树昏鸦,小桥流水人家,古道西风瘦马。夕阳西下,断肠人在天涯。"

——《天净沙·秋思》马致远

短短二十八个字,既有"枯藤、老树、昏鸦"这样的近景,又有"小桥、流水、人家"这样的远景,还有"瘦马"和"断肠人"这样的特写,镜头从近到远,又从远到近慢慢推进,推拉摇移运用自如,一幅天涯游子寄相思的画面在我们脑海中徐徐铺开,动人心弦。

日常叙事,我们可以使用"全景+特写""近景+远景或全景"组合,让自己的表达更有吸引力。

除此之外,讲故事时积极调动自己的五感(视觉、听觉、嗅觉、味觉、触觉),适当加入一些手势、表情等肢体语言,会让你的讲述更加生动。

当然,所有故事模板、表达技巧都只是讲好故事的辅助工具,要想真正掌握某种技能,还需要大量练习。当你把累积素材和分享输出当作每天的习惯,潜移默化中你的讲故事能力也会不断提升。

总结一下,养成故事思维,学会讲故事,要记住以下几点:

(1)好故事一定有冲突、有起伏,能给人留下悬念;

(2)好故事要有真情实感,能引起他人共鸣;

(3)讲好故事可以借助一些模板和技巧;

(4)讲好故事需要不断积累、练习、分享、更新你的故事库。

跨界思维：视角向外，你可能会有不一样的发现

故宫博物院的口红，大白兔奶糖的唇膏，元气森林的月饼……跨界联名风靡消费市场的今天，我们有意无意间都购买过几件跨界联名产品。从经久不衰的迪士尼IP形象联名产品，到博物馆彩妆刷屏网络，再到400多次联名做起一个电商品牌的永璞咖啡。

他山之石，可以攻玉。跨界，成为很多行业和品牌突破圈层壁垒、出圈扩大影响的万金油。那究竟什么是跨界呢？

从那些成功的跨界营销案例中，我们不难看出，所谓跨界，本质是整合、创新。比如，我们熟知的老牌国货品牌大白兔和美加净，一个零食品牌，一个日化品牌，表面看起来是两个毫不相关的行业。但前两年，两个品牌"联姻"推出的大白兔唇膏，一上线就在年轻人中掀起了一股抢购热潮，首批920支唇膏上线不到一分钟全部售罄。

两个已逐渐被年轻人"遗忘"在消费角落的老牌国货，为什

么只是稍微"牵了下小手",就又重新撩动了年轻人的心弦呢?

答案很简单。作为国人集体童年回忆,大白兔和美加净的结合,不仅勾起了大家的儿时美好回忆,还给唇膏营造了一种甜蜜丝滑的氛围感。长大后的我们,哪怕已经不再把大白兔奶糖揣兜里,不再每天伴着美加净的味道入睡,但谁又能抵挡得住童年甜美回忆的诱惑呢?

你看,打破原有行业常规、思维惯性,通过嫁接整合其他表面不相关的资源、技术,就能创造出不一样的新鲜感,实现突破、创新,这就是跨界思维的魔力。

从文艺复兴时期的"跨界全才"达·芬奇,到我们身边那些拥有多重身份的斜杠青年们,厉害的人都在个人层面把跨界思维运用到了极致。

我们不一定要跨界,但必须具备跨界思考的能力。

2021年,我和先生完成了一次全新的跨界尝试:从品牌营销跨界卖奶茶。这次跨界卖奶茶,我们虽然没有靠卖奶茶这件事赚到钱,却靠它拓宽了自己的客户资源,实现了品牌营销业务的正向增长,以及个人品牌知名度的提升。

那么,我们是如何借助跨界思维,进行这次跨界实践的呢?

首先,视角向外,打破联想壁垒。

当我们开始思索某一问题,大脑往往会自动匹配出一系列和这一问题相关的关键词,阻止你思维跳跃或转向。

正所谓当局者迷,身处局中,难以破局。如果一味用惯性思维思考,那很多"迷局"我们将很难破解。因此,我们要学会刻意保持一种局外观,时刻提醒自己视角向外,走到局外看一看,很多困扰我们许久的问题,或许在其他领域早已经有了答案。

以我所在的品牌营销行业开发新客户来说,我们最常想到的方法是通过展示团队优秀作品、经典案例打动客户,在此基础上进一步沟通促成合作。但在双方没有合作基础的前提下,仅仅通过作品案例让客户对你快速建立信任感,并最终达成合作,其实并不容易。

为了增加信任,最终达成合作,中间免不了要耗费大量时间、精力来回沟通,免费试稿陪跑,为他人做嫁衣。不依靠过往作品案例,不消耗过量时间和沟通成本,怎么迅速和客户建立信仟,促成合作?

我们从沉浸式"直播带货"中得到了灵感——让客户沉浸式感受我们的专业。怎么沉浸式体验呢?

或许我们需要一个可以展示作品案例的开放空间,至少有一款能直接体现公司在策略、设计专业度方面,并且能够直观看到传播、销售效果的产品。按照惯性思维,现在你觉得我们是不是要考虑搭建一个沉浸式作品、案例展厅,推出至少一款产品,再努力对其营销,然后带全国各地的客户来感受体验。

这样做很不现实。那沉浸式感受专业度的想法彻底没戏了吗？现在,和我一起再次打破惯式思维,改变思路,我们一起看看,还有没有别的可能。

接下来,我先带你还原一下我们当时的思考:

作品不一定用来展示→作品可以是直接售卖的产品→文创产品;

服务案例不一定来自外界客户→自己就是自己的客户→打造个人品牌;

产品不一定要大规模加工、生产→小批量个性定制→设计师原创。

基于上述思路,我们得到了一个明确的方向:在可控成本内,小批量定制原创产品,做设计师文创品牌。这样既可以让客户清晰地看到我们在策略、设计上的专业能力,也便于打造个人品牌,拓宽我们的创收渠道。

你可能没想到,开书店、做文创一直都是我的梦想。从前,总是碍于情怀养不起"肉身"的现实,不敢轻易迈步。但当我跳出情怀和现实对冲后,不经意间,我用另一种方式靠近了自己的梦想。

现在,新的问题又来了。无论是何种形式的文创产品,说到底终究是小众产品。如何让小众产品走向大众,提升文创品牌的传播力,是我们需要解决的问题。

小众文创产品搭配高频次、高分享的大众消费品,我们再一次打破惯性思维,用跨界思维找到了答案。到此,我们的"沉浸式作品"框架基本形成:一个集插画设计、文创周边、大众消费品为一体的原创设计师店铺。

这样一来,甲方客户就可以通过有形产品更直观地了解到我们的品牌营销和设计专业度,还可以透过社交媒体直接感受到市场、用户对我们营销设计理念的反馈,信任感和合作意向的建立,都比单纯发送作品案例容易多了。

这个原本只是为了拓展业务萌生的想法,最终因情怀而落地。我们从开始就做好了店铺亏损的准备,但当品牌正式投入运营后,我们意外得到了许多用户的青睐,不少年轻人自发地为我们摇旗呐喊,我们也因为这个自创品牌链接了更多优质的客户资源和同频创业者,就连原本进行最小试错的茶饮这个板块,也顺利挤入了当地茶饮类热度排行榜前列,不过这也导致了我们后面被迫卷入茶饮价格混战。

但无论如何,打破惯性思维模式,很多问题的解决方案就会变得不一样。

怎么样?你是不是已经跃跃欲试,准备去试试跨界思维了?

别着急,学会视角向外,跳脱固有思维框架后,下一步我们还需要找到一个跨界融合点,找到问题的共同元素或交叉点,这样才可能完成一次有效跨界尝试。毕竟思考可以天马行空,跨界不能随意放飞。

你可能已经发现了,大白兔和美加净"联姻"的结合点是童年美好回忆,而我自己的跨界故事则是专业和兴趣结合。

现在,我们来一起完成一次跨界思维的实战演练。你可以先思考一个问题:如果你同时经营着一家甜品工作室和舞蹈培训学校,你会怎么做?

在大部分人的固有印象里,代表甜品的关键词应该是甜蜜、治愈、奶油、放纵等;而舞蹈的关键词则是轻盈、灵动、酷、自律……两种完全不同,甚至有些相斥的业态,如何进行"联姻"呢?

你可以思考后,写下自己的想法。然后,我们一起来看看我朋友思思的做法。思思总是戏谑地说自己是"灵魂180斤"的快乐胖子,她还有另外两个身份,网红甜品工作室主理人和舞蹈培训老师。

因为太爱吃甜品,学艺术的她大学一毕业,就不顾家人反对去学了烘焙,在家乡开了一家甜品工作室,又因为放不下自己的专业,她还入伙了一家舞蹈培训学校,自己担任舞蹈教学工作。

长期痴爱甜品的连锁反应是,思思身上的每块肉肉似乎都拥有了自己的小脾气。正因如此,思思的舞蹈培训学校招生工作一度陷入低迷,尽管思思所在的培训学校在师资力量、课程体系、收费标准方面都有不错的竞争力,思思的专业能力也不赖,但每次上完体验课之后,总会有学员因思思不那么"S"的身材而产生疑虑。

面对这种情形,有同事建议思思试着减少一点对甜品的热爱,做做身材管理。

但对于思思而言,甜品和舞蹈都是不可"辜负"的。就像她自己说的,甜品就像曼妙的舌尖舞蹈,可以激发自己对生活的热情;而舞蹈是一场酣畅淋漓的精神盛宴,可以释放自己对生活的全部热爱。

或许是因为热爱才能有所突破,最后思思既没有放弃甜品,也没辜负舞蹈,而是用跨界思维找到了甜品和舞蹈之间的共同点——刺激人分泌快乐的多巴胺。

按照给人带来快乐的思路,思思把自己的舞蹈课堂主题确定为"乐舞极限",并且在甜品店和舞蹈工作室同时发起了一个名为"快乐舞动"的长期活动,鼓励大家用舞蹈、美食等形式表达自己对生活的态度,让味蕾、身体和灵魂一起快乐舞动。

因为一贯乐观积极的生活态度,活动发起不久后,就吸引了很多甜品店老顾客的参与,不少老顾客在活动结束后,主动报名参加了思思的舞蹈课程。通过其他宣传渠道参与活动的人,也在活动中感受到了这个"不太瘦"的舞蹈老师对生活的热爱,被她的快乐所感染,并认同了她的舞蹈理念。

你看,谁说舞蹈老师一定是腰肢纤细,盈盈一握?谁说舞蹈教室的招生一定要在训练室?

思思的招生方式改变了传统舞蹈工作室的招生模式,将甜品、舞蹈和快乐生活的理念整合在一起,在活动过程中不断打破大家对舞蹈,对舞蹈老师,甚至是对吃不吃甜品态度的固有印象,获得了成功。

现在,思思的甜品店和舞动工作室,在一定程度上实现了相互"造血"。甜品爱好者们,在享受完甜品在舌尖的快乐舞动之后,会愿意跟着思思一起加入身体的快乐舞动。而因为担心长胖,从不敢碰甜品的舞蹈学员,也会在挥洒完汗水后,偶尔奖励自己一块甜品。

作为普通人,我们不一定会跨界从事不同的行业,但一定要学会用跨界思维解决问题。我们再次来回顾一下运用跨界思维解决问题的两个核心步骤:

第一步,视角向外,打破联想壁垒,打破思维惯式,走到局外看一看。

第二步,找到跨界目标或对标物,找到两者之间的交叉点或共同元素。

品牌经理养成记：培养自己的多元思考力

产品思维、营销思维、故事思维、跨界思维……

每个品牌经理人都需要具备多元思考的能力，要想经营好"自己"这个超级品牌，除了掌握品牌营销中基本的定位、策略思维，日常我也会有意识地培养提升自己的多元思考力。

如何提升自己多元思考的能力呢？这里分享几个自己很受用的小方法。

一、多提问，多追问

凡事多问几个为什么，像孩子一样发问，问自己、问他人。生活中的不少问题，只要肯思考，多追问，都可以找到解决方案。不知道该问什么时，可以用"5why 分析法"，对某个你好奇的点或存在疑惑的点，连续以 5 个"为什么"来发问，在发问中探寻问题的答案，并不断训练自己的思维。

二、多看，多观察

坐车的时候，我很喜欢观察窗外，窗外飞驰的一切，总会带给我很多惊喜。看到有意思的民居建筑，好看的花草树木，我会随手拍下，然后花点儿时间去探究他们，这样不知不觉中我也了解了不少自然知识、风土人情。多看、多观察或许是探寻大千世界最简易的方法。

三、广泛阅读，锻炼多元思维

我大学学的是被称为"万金油"学科的新闻学，也是在那个时候，我养成了广泛阅读的习惯。有人认为学新闻学的通常学而不精，很多出色的记者都不是学新闻出身的，我却很感激这些泛而不精的知识积累，是它们帮我打开了探寻世界的更多视角，为我今后的多重职业身份储备了入门知识。

后来，无论是当品牌策划，还是自由写作者，我都需要接触各行各业、各种各样的人、事、物。每接触一个新领域，我都会主动去翻阅，也必须去翻阅和该领域相关的书籍、论文、研究报告。

比如一个简单的挂耳咖啡卖点提炼，除了客户提供的基础产品信息，我还需要综合了解咖啡产地、种植历史、烘焙程度、萃取工艺、研磨保存、用户心理等多方面信息,才能最终呈现出触动用户心弦的核心卖点。

因为职业因素,我有很多广泛阅读、多元学习的机会,这些多元知识也成为我工作创意灵感的来源。假如你目前所学的专业、所从事的工作重复性比较高,那么也请你学会在通勤途中或者闲暇时刻有意识地去看看专业之外的新事物。

查理·芒格说:"如果你想成为理性的思考者,必须培养出跨越常规学科疆域的头脑。"跨界多元学习,并不意味着我们需要成为行行精通的全才,而是需要我们将各学科、各行业的思维模式结合起来,学会融会贯通,打破有用无用、有关无关的界限,从而解决更多实际问题。

就像我们计划创立品牌之初,因启动资金有限,一直没想好是选择一个人流量较大的商圈铺面,减少文创产品定制,还是选择一个文化氛围更好,租金也相对便宜的老城区铺面,尽量突出产品本身的创意优势。

犹豫不决时,一次偶然的机会,我透过车窗看到一位种菜的大姐坐在田埂上精心挑选玉米种子。那一瞬间我突然明白,如果种子开始就腐烂了,那再肥沃的土地,注定也种不出茁壮的玉米。

最终,我们选择了租金更便宜的铺面,把钱和精力集中花到产品本身的设计和开发上,最后的结果也不错。

毫无疑问,多元学习给我的工作带来了很多机会,也希望从现在开始,或者已经开始多元学习的你,可以跳出原有的框架,学会多元思维,在成长过程中收获不一样的惊喜。

四、储备和运用临界知识

"临界知识"是成甲老师在《好好学习》一书中提出的一个概念。在他看来,那些经过我们深度思考后发现的,并且具有普遍指导意义的规律和定律都可以被称为临界知识。比如你在很多书籍中都会看到的二八原则、刻意练习、复利效应等。

我本人是一个很喜欢收集储备"临界知识"的人,日常阅读、工作,甚至是生活中无意发现的知识,我都会快速把它记录下来,然后及时花时间去了解它,并思考这一知识可以在哪些场景中应用?如何运用?会产生什么效果?生活中有没有类似的案例?

就像本书中提到的"巴纳姆效应",这原本是自我认知过程中需要警惕的一个认知陷阱,但站在品牌营销角度来说,如果在营销中用好"巴纳姆效应",则会对品牌宣传起到很好的效果。比如,一些汽车品牌喜欢赞助科学论坛、环保峰会等,就是利用巴纳姆效应让消费者对该品牌产生科技、环保的联想,进而赢得消费者好感。

每个临界知识都是我们认识世界、思考问题的工具,几乎所有的临界知识都有一个共同点:可以在不同场景、领域被反复应用,并且可能会产生截然不同的效果。所以,在不断学习、应用临界知识的过程中,我们不仅会从这个知识中收获新的认识和启发,还会在潜移默化中把很多分散的知识自然关联起来,最终搭建出自己的知识框架。

五、科学试错,适当交点儿"知识税"

正所谓,实践才能出真知。从事品牌营销8年,我从不敢说自己为品牌提出的策略是完全正确的,但如果因为害怕失误就不敢提方案,那是不是世上所有的咨询师都要失业了?

没有人可以在开始就做出完全正确的选择,大多数品牌都是在不断试错中成长起来的。品牌如此,人生更是如此。我们身为自己的品牌经理人,必须明白:个人成长离不开试错,很多能力都是在试错中收获的。

刚参加工作时,我也是一个不敢试错的人。那时,我计划从工作半年的报社辞职,换一份品牌咨询策划的工作。同时,我又很担心自己不适合这份工作。如果不适合这份工作,原来的工作单位也回不去了,该怎么办?

在我犹豫不决时,闺蜜说:"我们现在是不是除了年轻一无所有?"

二十多岁的我们对未来充满了幻想,但又无法确定自己到底想要什么,适合什么。对于我们来说,未来有无限可能,但不去尝试就只有零种可能。

年轻的时候,试错是成本最低的成长。但是,试错不等于犯错,试错也不是毫无目标、不切实际地蛮干。我们需要通过试错找到成长方向,绝不能把试错当作自己不断犯错、不思成长的借口。科学试错,应该是在有规划、有目标的前提下进行的。

倘若我当时辞职只是为了辞职而辞职,对以后的职业生涯没有任何方向,那辞职之后,我可能会有很长一段时间在招聘市场上漫无目的地"游荡",身心俱疲。

当然,你可能会说,眼前的生存压力让你不敢投入过多时间和精力去试错,怎么才能有效缩短试错成本呢?时间如此宝贵,我们可以为试错适当交些"税",挑选适合自己的知识付费课程,在老师的带领下,短期内实现某个领域的成长,或收获更多元的知识信息和思考方法。

我是赞同为知识付费的,不过这个过程中,还请你学会对付费课程进行筛选甄别。筛选甄别的方法也很简单,尽量选择认可度高的老师、平台,多听听专业人士的建议,多看看用户反馈、评价。

总结一下,试错是年轻时成本最低的成长方式。试错不等于犯错,要有规划、有目标地科学试错,试错过程中尽量专注、投入,避免分散精力。必要的时候,可以为试错适当交点儿"税"。

第四章

迭代：认知升级，迭代成长

"看，月亮在发光。"

"会发光的不是月亮。"

"那是什么在发光？"

"你猜呀！"

勇于改变：用最小的代价闯出一条属于自己的路

美国作家斯宾塞·约翰逊的《谁动了我的奶酪》相信很多人都看过。

故事中，生活在迷宫里的两只小老鼠和两个小矮人，同时发现了一个奶酪堆积成山的仓库，之后它们在仓库度过了一段无忧无虑的幸福生活。突然有一天变故来临——仓库里的奶酪被人动了。

奶酪消失后，两只小老鼠敏锐地感觉到变化发生，立刻穿上挂在脖子上的鞋出去寻找奶酪，很快它们就找到了更多、更美味的奶酪。这时，两个小矮人还沉浸在奶酪消失的悲痛中，不愿接受眼前的残酷现实。

最终，在经过激烈的思想斗争后，其中一个小矮人决定离开已经空了的仓库，重回迷宫寻找新的奶酪，最后他也找到了美味的奶酪。而另外一个小矮人，即便已经饿得饥肠辘辘、头晕目眩了,也始终不愿离开原本的仓库。他等在空无一物的仓库中一边自怨自艾,一边幻想着丢失的奶酪会失而复得。

这个故事告诉我们:变化总在发生,我们无力逆转变化,只有改变自己,拥抱并适应变化,才有机会找到"新奶酪"。

世界是座大迷宫,就像故事中的小老鼠和小矮人一样,我们时刻面临着"奶酪"消失的危机,也有发现"新奶酪"的机遇。当变化发生时,你是未雨绸缪、伺机而动的小老鼠,还是害怕改变、拒绝改变的小矮人呢?

现实中,人们本能地排斥不确定,渴望安全,而对安全的极大渴望会促使人们更愿意去做那些看似可知、可控的事情。

比如近年来火热的公考,大家觉得只要"上岸"就能过上相对平稳的生活,这看似是一个可知并可控的事情。但考过试的人都知道,考试本就充满了不确定性,复习的程度、题目的难度、参考的人数、考试的状态等都会影响最终结果。所以,如果你只是为了追求所谓的安全感,或者为了逃避迷茫而跟风去选择一条看似确定的路,那过程的不确定性往往会给你带来更多的焦虑和迷茫。

你当然可以去选择考研、考编,但前提是那是你遵循本心的主动选择,而不是为了逃避现实的随波逐流;同时,你也要明白,考研也好,考编也罢,都只是你当下面临的一个选择,而不是唯一的选择。

在不确定的环境中寻找确定,首先要学会坚定自己的选择。

一、坚定自己的选择,克服动机性推理

我们需要明白,几乎所有选择,结果都是不确定的,我们要做的就是接受结果的不确定性,坚定自己的选择,并为之付出汗水和努力,至于最后的结果,不论好坏,其实都是一种成长。

面对不好的结果,我们要避免自己陷入预设立场的动机性推理中。动机性推理,是一种先预设了立场,然后带着立场去获取信息,想方设法证实偏见,并最终把偏见合理化的认知陷阱。

托尔斯泰说:"世界上只有两种人:一种是观望者,一种是行动者。大多数人都想改变世界,但没有人想改变自己。"

即便是在铁一般的事实面前,人们也很难去改变自己,其中一个很重要的原因就是人们习惯于捍卫那些自己已经接受并认可的信念,以此来获得安全感,而当自己的信念和外在信息出现偏差时,很容易选择忽视或曲解。

坚定自己的选择,遵循自己本心的同时,多些客观冷静的分析,尽量避免动机性推理造成的选择偏差。

二、用"杠铃策略"保护自己

面对前方的不确定性,我们在坚定选择,并为选择努力付出的过程中,如何更好地保护自己,获得最大收益呢?

风险管理理论学者塔勒布在《反脆弱》一书中提出"杠铃策略",它是一种在不确定世界中获益的有效策略。

杠铃策略就是摒弃掉中间部分的中风险、中回报资产,而侧重于配置更重的两头:一头是高风险、高回报,另一头是低风险、低回报,以取得收益平衡。杠铃的一端采用保守策略,以对抗不确定因素带来的风险,另一端则采用高风险策略,以获取潜在收益。

比如,我们在对自己的资金进行管理时,可以把90%的资金配置在安全资产上,剩余10%的资金用于风险投资,这样不管投资市场如何波动,我们的最高损失都是确定好的,而潜在收益则可能是无限的。

简单来说,杠铃策略＝大部分的保守投资＋小部分的风险投资。

杠铃策略的好处在于两头下注,不把鸡蛋都放在同一个篮子里,避免两头皆输。除了资产配置,我们学习、生活、工作的方方面面其实都可以采用杠铃策略来提升自身的反脆弱性。

就像我自己,作为一名实体店创业者,收入受市场影响很大，为了保证自己有饭吃，不被饿死，在创业的同时，我依旧坚持写作投稿，为品牌提供咨询服务。从投资角度而言，实体创业属于高风险投资，而写作、做品牌顾问是我的专业护城河，是我可以退守的安全领域。

杠铃策略在个人成长领域同样适用。在提升个人能力时，你可以把80%的时间花在精进自己的现有技能上，深挖专业护城河，这是保守投资；把20%的时间花在跨界学习一项市场需要的新技能上，这是高风险投资。

面对前方的不确定性，我们要学会增加自己的支点，合理投资自己、分配风险，不要把所有精力都耗在同一件事上。

总之，在生存这条路上，我们就是自己最大的底牌，勇于改变、坚定选择、灵活应对外部环境的自己能给我们带来最大的安全感。

专注：你缺的不是努力，而是专注力

曾国藩说："凡人做一事，便须全副精神注在此一事，首尾不懈；不可见异思迁，做这样想那样，坐这山望那山。人而无恒，终身一无所成。"

很多人深知在这个注意力稀缺的时代，专注力是一个人持续精进的核心能力。糟糕的是，由于各种诱惑太多，现代人似乎越来越难专注做一件事了。

计划好看书，打开书后一次次拿起手机，一下午过去了，书本依旧停留在第三页；准备认真工作，敲了不到两行字，就被同事热聊的八卦所吸引；正在学习，点开屏幕看个时间，鬼使神差打开了微博，一刷一小时过去了……

上面的场景，是否也是你的常态？人们的注意力总是被各种诱惑干扰、分散。那有没有什么办法可以帮我们有效屏蔽干扰，找回迷失已久的专注力呢？下面我会分享几个自己切身实践有用的方法。

一、别瞎忙：三个具体待办事项就够了

关于效率，我想你一定听过"要事优先""每日任务清单"这些经典方法。但在具体实践中，你是不是也有这样的感受？

明明规划好了要优先完成重要的、有意义的事，却总被临时的工作琐事打断；在任务清单上信心满满地列了一堆要做的事，一通意外电话、一个偶然的来客打乱了所有的计划，一天下来，清单上的事情可能一件也没完成。

这些被无数人实践验证过的高效方法，为什么在你身上效用不大？

方法不奏效，可能是你想要的太多了。

就拿"每日任务清单"这个方法来说，很多人在做计划清单时会详细地把自己从早到晚要做的事情全列出来，这样的计划清单看起来很清晰，但约束性也很强，容错率极低，任何一个意外事件的发生都可能全盘打乱你的计划，让你需要花费更多的时间去重新规划计划。另一方面，人的注意力空间是有限的，太多的待办事项容易分散我们的注意力，反而不利于专注力提升。

那怎么才能用好"每日任务清单"这个方法呢？我的建议是：每天写下三个具体的待办事项就够了。为什么是"三"，而不

是其他数字呢？每天只做三件具体的事，不会很低效、很浪费时间吗？

列出三个具体的待办事项，不是说我们今天只做三件事，而是在列的过程中你选择了三个重要的优先事项，同时也明确了哪些是不重要的事项，这样你就能更好地规划哪些时间完成重要的事，哪些时间完成不重要的事。

不过计划赶不上变化，世上唯一不变的就是变化。所以，在任何时候，我们都要有应对变化的预案，而"三"这个数字恰好给我们预留了足够的注意力空间，去迎接那些意料之外或突然从天而降的新任务，让我们的计划不会被这些新任务全盘打乱。

如果今天没有任何意外发生，你提早完成了重要且优先的事项，那你还可以用剩下的时间去完成一些重要但不紧急的事情。

所以，我们应该要事优先、懂得取舍，先谋而后动，列出三个每日重要事项，规划好时间专注高效地去完成每日清单，而不是把自己的时间全部塞满，毫无主次地瞎忙。

二、别着急：人不是机器，做不了"多线程"任务

在"瞎忙"这件事情上，有人一天想做好多事，结果陷入低效瞎忙中，把自己搞得又疲倦又劳累；还有人想同时做好几件事，

妄图用"多线程"来节约时间、提升效率,结果适得其反,一件事都没做好。

所谓"多线程"模式,就是像计算机一样,在某一时间段内同时处理多个不同的任务。比如,你在同一时间段内一边写项目A的方案,一边查项目B的资料,一边还要回复客户C的信息。

这样的工作模式,乍一看似乎很高效、很强大,但它本质上不但不会提升我们的工作效率,还会增加工作失误风险,消耗我们的专注力,这一点我深有体会。

之前在公司上班时,手头经常有好几个项目在同时推进,有时为了节约时间,我会一边写项目A的方案,一边构思项目B的框架,结果经常写着写着两个项目就混淆了,这时我又不得不耗费时间、精力去重新梳理每个项目。

为什么看似高效的"多线程"工作模式,反而会拉低我们的工作效率呢?

因为人脑和电脑一样,每开始和结束一个任务,都需要时间缓冲并且会留下数据缓存。同时进行"多线程"任务,当你从任务A切换到任务B时,关于任务A的部分数据会缓存在我们大脑里,挤占我们的认知和注意力资源,进而让我们处理任务B的资源变少……如此循环反复,我们大脑里可用的资源、空间越来越少,处理事情的能力、效率自然也会大打折扣。

不要总想着把自己切入到"多线程"模式中,那是机器做的事情,而人毕竟不是机器,更何况机器同时开启多个任务也会出现卡顿、故障。

即便你眼前有很多事情等着去做,也别着急,先把这个任务完成好了,再去完成下一个任务,这会让我们更加高效。如果在处理任务 A 的过程中,突然出现了一项紧急任务 B,那你可以选择在处理完紧急任务 B 之后,再把注意力切回到任务 A 上,但不要老想着同时去完成任务 A 和 B,同一时间专注做好一件事就够了。

三、别轻信:每个人都有自己的效率高峰期

相信你也有这样的体会:注意力集中、专注度高的时候,我们做事往往能事半功倍;而注意力涣散、专注力低下时,通常是事倍功半的。如果我们能抓住自己的注意力高峰时段,专注去处理一些重要事项,那效果一定是翻倍的。

如何抓住自己的注意力高峰时段呢?

我想你一定听过"早起出奇迹,早起逆袭人生",也一定听过"睡前灵光乍现,起后浑浑沌沌"。就像春华秋实是自然规律,但每种植物又有自己的生物节律一样,我们人虽然遵循的都是"日出而作,日入而息"的生物规律,但每个人的生物钟都有自己的

规律,注意力高峰时段自然也就有所不同,有人早上神采奕奕、精神振奋,而有人则是早上昏昏沉沉、萎靡不振,晚上灵感迸发、思维活跃。

有人是"早起鸟",有人是"夜型人",关于如何找到自己的注意力高峰时段,所有人的经验都只能是建议,我们不能完全照搬套用。

我自己就是一个典型的"夜型人",但是几年前看完《早起的奇迹》一书后,我曾一度逼迫自己早上六点起床写作两小时。强迫自己早起的那段时间,我常常是思维混沌地坐在电脑面前东戳西看,有时连一句完整的句子都没写出来就到上班时间了,只能匆匆去上班。因为早起睡眠不足,原本工作效率不算低的我,那段时间一到下午就提不起精神工作,做事也变得拖拖拉拉的。

后来,我果断放弃了早起写作的计划,把写作时间调整到晚餐后两小时或睡前两小时,调整后,我的工作效率和写作效率都明显提高了。

我们需要明白,不能早起并不是我们的错,每个人都应该按自己的生物节律舒展地活着,而不是一味强迫自己、拧巴自己。

别人的经验无法照搬,但工具可以套用。

如果你现在还不太清楚自己在哪些时段注意力处于峰值,

你可以试着连续两个礼拜用备忘录的方式,以 2~3 个小时为一个周期,记下自己一天内不同时段所做的事情和专注状态,以此总结出自己的注意力高峰时段,利用好这些时间去处理重要的事情,提升做事效率。

拿我自己来说,上午时段我的注意力高峰一般出现在九点之后。所以在此之前,我一般会先处理订货、回复信息、查看资料之类的琐碎事情,给自己的大脑减减负,然后再处理当天要做的重要工作。此外,傍晚到睡前几小时我的思维比较活跃,所以这个时间段我一般会去写作或做方案。

四、仪式感:世界很吵,你可以让自己先静下来

我是一个喜欢仪式感的人,就连工作也不例外,需要进入深度工作或深度学习模式时,我通常会给自己安排一些小仪式:

- 准备一副耳机;
- 准备一个本子、一支笔;
- 再准备两个杯子(一个保温杯、一个马克杯或玻璃杯)。

或许你会觉得这样有些麻烦,甚至有些矫情,但对我来说,这份仪式感对于提升专注力大有益处,为什么这样说呢?

首先,我不认为自己是一个能完全抵住外界诱惑,不被外部客观环境所侵扰的人,准备一副耳机的好处在于:当外部环境存

在干扰时,耳机能帮我有效屏蔽掉一些干扰信息,为我搭建一个相对隔离区,有效避免专注力流失。

而准备本子和笔这两件和工作、学习高度关联的物品,则是一种心理暗示,暗示自己"一切准备就绪,我们现在需要进入工作(学习)模式"。

为什么要准备两个杯子呢？这是为了在进入专注模式前,先排除掉一些会打断注意力的分心因素。因为我本身很爱喝水,工作过程中又不可避免地有需要提神醒脑的瞬间,所以我通常会用一个足够大的保温杯来喝水,用一个马克杯泡茶或咖啡。这样既保证了饮水量,又避免了工作或学习过程中因频繁倒水、洗杯子带来的注意力损耗。

总而言之,简单的仪式感为提升效率带来了这些好处:一是建立隔离区,有效屏蔽或减少干扰;二是形成积极的心理暗示,利于快速进入专注模式;三是能够排除分心因素,提前预防专注过程中可能出现的注意力损耗。

如果你也同样抵挡不住诱惑,容易分心,很难专注,不妨试试我的办法。

首先,你需要给自己创建一个相对隔离区,比如戴上耳机或找一个只有自己的空间并关上门。接下来,你可以提前排除一些让自己分心的干扰因素,比如把手机放远一点或把手机调成专注模式,关闭电脑弹窗等;最后,你可以选择用一些物品和专注状态建立联系,给自己一些积极的心理暗示。

世界难免喧闹,但我们总有办法让自己静下来。希望你也可以在喧闹的世界中找到让自己静心、专注的办法。

精进：如何成为一个专业很厉害的人

一、时间花在哪里，花就开在哪里

如果把人生的每个小时当作一块积木，你准备如何搭建自己的一生？

有人选定一个方向，朝着这个方向不断向上堆叠，日积月累把自己活成一座高塔，比如科学家、物理学家、工程师等，塔很高，我们站得很远都能看到；

还有人打好地基，先在地基上造一座核心建筑，然后再慢慢向外延伸，按自己的喜好精心放置好每块积木，把自己活成一座花园，比如作家、艺术家。花园虽然不像高塔那么醒目，一眼就能看到，但只要走近，就能感受到里面的鸟语花香、生机盎然。

时间用在哪里，是能被看到的。你想让自己的人生以什么样的面貌呈现，全在于你愿意把时间花费在哪里。还有不少人，他们把时间积木东放一块,西放一块,横放一块,竖放一块,最后积木用完,人生成了一片杂乱无章的"废墟"。

年少时,人人都渴望成为高塔,成为花园,豪情万丈地想为自己亲手建造一座城堡,但最后不少人在浑浑噩噩中把自己活成了一片无人问津的"废墟",才无奈感慨时间都去哪儿了?

时间都去哪儿了?你可以记录下,一天24小时你把时间花费在了哪些地方?然后就可以在时间记录中找到答案,答案或许令你遗憾,或许令你懊悔,或许让人意想不到,但那就是你真实的时间印记。

那些把自己活成高塔,活成花园的人呢?他们把时间花在了什么地方?

- 康德的一天除了吃饭睡觉,其余时间都用在和哲学相关的问题上,所以他成为继苏格拉底、柏拉图和亚里士多德后,西方最有影响力的哲学家之一;
- 福楼拜在创作《包法利夫人》时,每天至少要花费10个小时在阅读、写作上,然后他成了法国"新小说"派的鼻祖;
- 被誉为"现代法国小说之父"的巴尔扎克,每天花在写作上的时间更是长达13小时;
- 每个头脑清晰的上午到下午两点,贝多芬都在谱曲,其余时间就算在散步,他也会随身携带铅笔和乐谱记录灵感……

人们总喜欢在那些光彩熠熠的名字前加上"天才"两个字,疯狂暗示自己"那是我永远无法企及的高度",从而为自己的不想付出找一个看似体面的借口。但一个不争的事实是:即便是天才,他们也都是日复一日努力的长期主义者。

要想自己的人生不变成东倒西歪的"废墟",最核心的办法是选对一个方向,沿着那个方向持续精进,日复一日,直到把自己变成某个领域的专家或高手。而成为专家的前提,就是让自己变成一个专业很厉害的人。

二、如何成为专业很厉害的人

1. 长板效应:至少有一块突出的长板

"木桶理论"大家都听过,当一只木桶直立放置时,木桶的最大盛水量取决于最短的那块木板。"新木桶理论"很多人也知道,如果我们把木桶倾斜,长板朝下、短板朝上,这时木桶的最大盛水量不再取决于短板,而取决于长板。

"木桶理论"告诉我们,一个明显的短板会降低你的整体竞争力,我们要尽快补齐短板;而"斜木桶理论"则告诉我们,扬长可以避短,我们要不断加强自己的长板。

这样看来,任何一只木桶,如果存在明显的短板或没有突出的长板,那么都是危险的,但人的时间精力毕竟有限,很难同时兼顾到短板的补齐和长板的加强,我们究竟该如何面对自己的长短板呢?

我的答案是:看需求。

举个例子,如果你现在正面临考研、考编,那么一个优势科目的分数或许很难拉开你和其他考生的差距,但一个明显的短板科目会直接拉低你的总分,这时你就得在维持优势科目的基础上,全力去提升劣势科目,补足短板。

现在,我们转变角色,更换一个场景。假设你是一个面试官,站在你面前的是基础能力相近的一群面试者,在这群人中,谁会让你印象更深刻呢?答案大概率是专业技能或岗位技能更突出的人。

也就是说,当你直面市场选择和职场竞争时,突出的长板往往会让你更具优势。而人作为社会产物,大部分时间是需要直面市场的,如果要想在激烈的市场竞争中被看到,那长板一定要足够突出。

就像我们身边的很多高手,他们也并非全知全能、十全十美,但一定在某些方面特别专业。比如,公司的技术大牛,他可能不善言辞,也不太会与人打交道,但他总能处理别人处理不了的技术问题,所以在公司很受尊敬;再比如,你喜欢的一个推理小说家,他的小说文笔可能没那么精彩,但推理逻辑缜密,总是让人欲罢不能。

要想成为一个专业很厉害的人,我们可以先对照第二章相关内容发掘的自身优势,把最具竞争优势的方面展现出来,然后持续精进放大这个优势,让长板更长。

2. 先精通一个小领域

为山九仞,非一日之功。罗马不是一天建成的,高手也不是突然变厉害的。人生是一场大型试炼,任何一个身入江湖的人,要想从普通人跃升为武林高手,都必须经过漫长的新手区、成长区试炼,才有机会进入侠客云集的高手区,成为高手。

在新手区,大家都带着初出茅庐的懵懂,对一切事物充满好奇。但由于对未来缺乏清晰规划,这个阶段我们需要不断去探索、试错,才能找到方向。

如果你能在这个阶段多去尝试,并在每次试炼之后主动总结得失,你就能在每次试炼中收获经验值,通过经验值不断累加,快速进入成长区。这个阶段,如果你不去主动尝试或只尝试不总结,那你可能会长时间停留在新手区。

通过新手区的试练和经验值累积,进入成长区后,你已经能用之前累积的经验、方法去独立处理一些事情了。但在这个阶段,挑战难度增加,你可能会面临先前的经验值失效、上升速度变慢、屡战屡败、成长停滞不前等难题。

这些难题会让很多人感到焦虑迷茫,甚至会让部分人萌生"得过且过,我这辈子也就这样了"的消极想法,从而放弃继续朝高手区发起挑战,永久地把自己的成长曲线禁锢在了成长区。

如何才能突破成长区瓶颈,迈入高手区呢?我的经验是:先精通一个小领域,找到一条通往高手区的小路,一步步靠近高手区。

我刚开始写作时,创作方向和类型极其不固定,通常是想到什么写什么,抑或是跟着潮流写东西。刚开始那几年,我写过影评、追过热点、种过草、洒过鸡汤,甚至还尝试过亲子文、言情小说和非虚构故事的创作。

这些撒网式的尝试,让我在刚开始写作就体会到了文字创收的快乐。随着各种约稿的增多,我索性辞掉工作成为一名自由撰稿人,辞职后,我每天坐在电脑前敲敲打打,稿子倒是写了不少,写的稿子也基本拿到了稿费,但持续写了一年多,我依旧是个籍籍无名的小写手,稿酬也和我刚入行时并无二致。同时,因为写作领域高度不聚焦,所有的稿件我又必须迎合不同平台的定位和客户需求,最终导致我原本的个人写作风格被冲得越来越淡,这与我想当自由撰稿人的初衷显然是背道而驰的。

在自我拉锯一段时间后,我最终决定推掉一些容易创收的热点文,只专注于个人成长方面的内容创作。开始聚焦创作领域后,我有两个特别明显的感受:一是稿费直线下降,但我获得了更多的成就感;二是我意识到要想成为个人成长领域的高手,我必须不断完善自己的知识结构。于是,这两年我把大部分时间花在了给自己充电上,用闲暇时间阅读了大量的心理学类和经管类书籍。这个持续不断的输入过程,不仅丰富了我的知识,还治好了我的精神内耗,然后有了你现在看到的这本书。

通往高手区的路径有很多,但对于大部分人来说,我们现有的知识积累和技能储备,或许难以支持我们从竞争激烈的大路直通高手区。所以,我们可以先选择一个小领域,通过刻意练习,先让自己成为这个小领域比较厉害的人,再一步步接近高手区。

3. 不当没有感情的知识搬运工

成为高手有两个前提条件:完整的知识体系和庞大的知识储备量;熟练掌握并精通某项专业技能。专业技能可以通过实践和刻意练习获得,也可以通过知识进行转化,而我们学习知识的目的,也是为了使用知识,并把知识转化为技能输出。

所以,要想成为高手,必须先努力成为一个学习知识的能手。

碎片化时代,你是如何学习知识的呢?下面这些做法是不是也有你的影子?

在网上看到一篇观点不错的文章,一个实用的干货视频,随手点了收藏,之后再也没有打开过;买了一堆书,也确实翻阅了不少书,可真正要用到书里的知识时,脑袋一片空白;省吃俭用花钱买了一堆知识付费的课程,潦草听完之后就没了后续……

听书、阅读、知识付费、精准搜索、求教前辈等,我们身处一个能随时随地获取知识的时代,但也因为获取知识的极大便利,让很多人养成了只收藏不查看,或只走马观花地看不深入思考的习惯。

海量的知识信息不断涌向我们,容易产生一种收藏了等于看了,看了等于会了的错觉,但所有的知识信息,只有真正吸收、内化、运用之后才能成为个人知识,那些简单粗暴地把外部知识搬进收藏夹和大脑的做法,不仅不会丰富我们的知识库,还会给我们的手机和大脑容量造成负担。

那么,怎么把知识真正内化呢?

拒当信息搬运工,树立系统学习知识的意识。

好的知识付费课程可以帮助我们在短期内快速了解某个领域的知识。付费知识就像我们成长路上的补充剂和加速器一样,它们能填补我们在某些方面的欠缺,加速我们在某个小领域的成长。

但只有这些片段式的知识积累,是很难建立起一个完整的知识体系的。另外,就像很多人都玩过的"捂耳传话"游戏一样,人们在对信息解码、输出、传递的过程中会因视角和感受不同而出现偏差。

要想成为某个领域的专家,我们不能只靠听公开课、学习付费知识、进行碎片化阅读等这些方式去获取知识,还需要沉下心来深入学习这个领域的相关知识,由点到线,从线到面,逐渐完善自己的知识框架。

至于如何深度学习,我们会在第五章详细展开。

自驱力：唤醒内心沉睡的巨人

一、别怕，不够自律不是你的错

你有没有过这样的经历？

年初时买了一堆书，信心满满加入了一个阅读打卡社群，刚开始的几天你动力十足，每天认真打卡并记下自己的读书心得。

过了一段时间，学习、工作压力变大，你觉得自己的所有时间似乎都被塞满了，于是打卡的频率逐渐降低。后来，你干脆直接中断了阅读打卡计划，并把群聊设置成了消息免打扰。

又过了一段时间，你工作、学习没那么忙了，却似乎已经忘了阅读打卡这件事。只是偶尔会在追剧、玩手机消磨一天后，反思自己是不是应该找点儿有意义的事情提升自己。

这天，你躺在床上玩手机，不小心点开了那个阅读打卡社群，你发现部分和你一起加入社群的小伙伴依旧在坚持打卡。

好奇心促使你继续把聊天记录往更早的时间翻了翻,于是你发现坚持打卡的伙伴中,有人通过社群链接了"牛人",有人摇身一变成了靠阅读创收的读书达人……看到这里,你开始自责:为什么自己那么容易放弃呢?

类似的事情还有很多。比如,郑重其事地制订了一个早睡早起、健康饮食的生活计划,没坚持几天又开始火锅、奶茶、宵夜以及熬夜的生活;再比如,下定决心要健身,办了卡,买了各种健身装备,热情的小火苗维持三天就熄灭了,装备也统统"吃"了灰。

人们总是很容易放弃一些自己不喜欢、不擅长的事,但在和意志力做斗争这件事情上,人类似乎一直没有放弃过努力。我可以不持续阅读,但不能放弃制订阅读计划;我可以不坚持运动,但变瘦变美的决心一定要下……

一味只下决心,过度和意志力对抗的结果通常是:行动难以持续,目标难以实现。然后,当结果不尽如人意时,我们又总懊恼自己"不够自律",继而陷入"我怎么那么不自律?我怎么那么差劲?我意志力怎么那么薄弱"的自我否定中。

正在看书的你,是不是也曾责怪过自己的"不自律"。

如果有,那么现在我想轻轻地拍拍你,然后告诉你:"亲爱的,这不是你的错。"或许你会觉得这是一句不太真诚的安慰,但我想告诉你：不是的，不够自律真的不是你的错。

我们在本书第一部分说过，趋利避害、趋易避难是人的天性。本能的驱使，让我们更愿意去做那些简单、容易的事情，而"自律"要求我们去做的，往往是对我们来说相对困难、痛苦的事情。你没办法长时间强迫大脑去做你不喜欢、不习惯的事，这并不是你的错，而是人类的天性使然。

这时，你可能会说：虽然是天性使然，但有的人就是能很好地支配自己的意志去完成那些别人完不成的事啊。

能有这样的自控力当然很好。但对于大部分人来说，过度和意志力做对抗，不仅不会帮我们增强自控力，还会白白增加一些没必要的自我损耗，造成能量浪费。

比如，当你已经极度困倦时，如果你不去休息，而是强撑着去学习，这时你不仅学不好，还会白白浪费掉一段本来可以养精蓄锐的时光。

那怎么才能减少自我损耗，让我们的努力变得更有效呢？我的答案是——放弃自律。

不过，别误会，放弃自律不是让你为所欲为、随心所欲。放弃自律，是让你学会给大脑减压，减少对意志力的过度压榨，降低自我损耗，把能量用在行动上。

二、如何成为一个"自驱"型的人

车辆要平稳前行,需要源源不断的动力,人要坚持长期做好一件事,同样需要持续不断的动力支持。所以,在减少内耗的同时,我们还要学会源源不断给自己创造内生动力,成为一个"自驱"型的人。否则,动力耗尽后,哪怕是再高速的列车也无法继续前行了。

1. 利用欲望,制造刚需

怎么成为一个"自驱"型的人?

回答这个问题之前,你可以先想一想,有哪些事情就算没有外力驱动,你也会一直去做,且总是欲罢不能?

"吃饭、睡觉、追剧、玩游戏、看手机……"这些事是不是你会一直主动去做?那为什么我们会一直主动去做这些事,而不是其他的事情呢?

答案很简单,这些事代表的是人的刚需和本能欲望。

吃饭、睡觉是人的生理需求,所以肚子饿了我们一定会主动去寻找食物,不会让自己的肚子受委屈;追剧、玩游戏是人的享乐欲望,所以即便我们知道把时间长久浪费在这些娱乐事项上无益于自身成长,还是会找各种借口去做。

刚需、欲望,是人类的原始动力。它们会驱使我们主动完成某件事,哪怕过程中遇到各种阻力和障碍,我们也会想方设法去克服。

既然"刚需"能让我们不惧困难、不知疲倦,"欲望"能让我们主动沉溺其中、无法自拔,那可不可以通过制造刚需或者利用自己的欲望来激发自身驱动力呢?

比方说,当你准备阅读一本晦涩难懂的专著时,如果你是抱着"挑战自我"或者"我必须看完"的所谓自律心态去阅读,那阅读体验大概率不会很好。最后,即便你走马观花地看完了全书,也是收获甚微。

但如果你在阅读之前给自己"创造"一个刚需,告诉自己"我有一个关于……的问题,可以在这本书中找到答案",那在整个阅读过程中你会更专注投入,阅读收获也会更多。

下次,当你准备坚持去做某件不易完成的事时,不要用"我必须怎么样"的方式强迫大脑被动执行,可以试着为这件事找一个非做不可的理由,引导大脑去主动完成。除了"创造"刚需,我们还可以利用欲望刺激内在动力的生成。

这里分享一个我自己的经历,作为一个名副其实的早起困难户,一直以来能支撑我早起的事只有上课、上班、开会、见客户、考试等这些必须事项。但有一年冬天,在没有任何必须事项支撑的情况下,我居然连续早起了很多天,原因是我要在早上八点半之前下楼,才能买到楼下流动早点摊的煎饼。起初我早起纯粹为了满足自己的口腹之欲,但久而久之生物钟形成了记忆,也就养成了不赖床的习惯。

我们每个人都有各种各样的欲望,你可以试着把这些欲望和你需要坚持做的事情相关联,以此激发自己更多的内在动力。

比如,你很难做到每天坚持学习一小时,那你可以告诉自己"学习可以让我更值钱""学习可以让我下一份工作涨薪20%",把学习和赚钱、找好工作的欲望联系起来,那你获得的动力一定会比你一遍遍告诫自己"我要努力,我要坚持"更多。

2. 适当用"恐惧"吓吓自己

刚需、欲望都可以为我们创造内生动力,但在某些艰难时刻,即便我们努力试了各种方法,但还是会感觉自己动力丧失。在这样难以支撑的时刻,可以适当用"恐惧"来吓唬吓唬自己。

人的动力来源除了刚需和欲望外,还有害怕失去的恐惧。就像我们在本书第一部分提到的,人类本能对负面信号有超高的感知力,很多时候人们对失去的敏感度是高于获得的。

比如,对于上班族来说,能让我们坚持每天按时上班的动力来源:一是全勤有奖金;二是迟到要扣款。你可以自己思考一下,你能坚持早起不迟到,究竟是全勤奖金的诱惑更大,还是担心扣款的威胁更大?

我想此刻你心中已经有了答案。就像触碰到温度过高的物品你会马上缩手，路上遇到大雨你会立刻寻找避雨的地方……人们在遭遇危险、感到不安时，往往会立刻采取行动躲避风险。

如果说刚需、欲望是能让人长久续航的持续动力，那恐惧就是能让人快速启动的即时动力。

大约在四年前，我体检发现了胆结石。因为颗粒很小，当时医生给出的建议是多跳绳，多喝水。出于对体内潜伏的"石头杀手"的惧怕，当天从医院回来后，我马上购置了跳绳，并制订了每天坚持跳绳 30 分钟的排石计划。

刚开始的两个月，我几乎每天都能严格执行这个计划。随着时间的推移，我的排石动力逐渐减弱，再加上埋伏在体内的"石头杀手"也一直很安静，没有任何兴风作浪的迹象，我对它的戒备心也就慢慢卸下了，原本制订的持久作战计划也就搁置了。

后来，每次体检看到体内的"石头危机"依旧没有解除，我都想再次重启运动排石计划，但因为习惯了和"石头杀手"和平共处，"厮杀"动力不足，我的排石计划一直没有重启成功。

直到去年年初，和朋友聊天时他分享了自己被"石头杀手"折磨到食不能寝、夜不能寐的经历，看到他为了顺利排石忍痛蹦跳两天两夜肿得像发面馒头的双脚照片，当天晚上回家，我便翻箱倒柜找出了自己的跳绳，默默开始蹦跳起来。

看完我的这个小故事,你是不是也感受到了恐惧带来的即时动力确实远大于刚需、欲望所带来的动力。但需要注意的是,如果大脑中长期 FUD 含量超标,人就很容易陷入焦虑循环。因此,用恐惧刺激动力的方式并不适合长期使用,它只适合用在那些难以下定决心开始,或坚持过程中动力不足、想要放弃的特殊时刻。这些特殊时刻,被讨厌的恐惧可能恰恰是我们获得内生动力的催化剂。

3. 给自己设置奖励机制

无论我们用多少方法去激发自身动力,人总归会有倦怠的时候。为了让人体这台机器能持续良性运转,我们要学会给自己设置合理的奖励机制。

合理的奖励机制能刺激人体这台机器持续良性运转。心理学研究表明,"奖赏"信号会刺激大脑某些皮层,让大脑活动活跃,而大脑在接收到这些信号后,会自发、优先地处理能激活奖赏回路神经元的行动。

也就是说,只要有吸引人的奖励,大脑的奖赏回路就会引导我们不断去采取行动。很多让人欲罢不能的闯关类小游戏,其实利用的就是大脑"奖赏效应"这个原理。

在通关游戏中,玩家每次通关后都能得到诸如金币、道具、礼包的奖励,而且奖励通常会随着关卡的升级而变大。这种快速得到回报的奖励机制,会让人忍不住一直去通关、去挑战,从而获得更大的奖励。

如果你很难长时间坚持去做一件事,或在做这件事时常常感到痛苦,那你可以试着用这种游戏化的方式给自己设置一些小任务,每个任务完成后适当给自己一些奖励。

至于奖励的设置,你可以根据需要完成的事情大小、难易程度去合理安排,但哪怕只是一句简单的"你真棒"或一颗糖果、一块巧克力的奖励,你也能在过程中清晰地感觉到付出后获得回报的喜悦,以此引导自己不断采取行动,完成目标。

总之,我们不需要强迫自己"自律",而是要学会唤醒自己内心沉睡的巨人,用自驱的力量,引导自己更轻松地完成一个个有趣的挑战。

精力管理：竞争环境下的核心能力

"你怎么每天精力那么充沛？""你怎么有时间做那么多事？"经常会有人问我类似的问题。起初，我并不知道怎么去回答这些问题，还以为自己备受上天眷顾，天生精力充沛，所以才能在十几个小时的连轴工作后，依旧保持不错的精神活力。

直到一段糟糕的减肥经历后，我开始明白精力是否充沛，确实会受一些先天因素的影响，但起决定作用的还是运动、饮食、睡眠、心情等这些可调节的后天因素。

我之前提过自己曾一度深陷身材焦虑，那段时间为了减肥，我采用过一些极端的减肥方法，什么埋线减肥、酵素减肥、代餐减肥、断碳减肥、鸡蛋黄瓜减肥等，所谓的"网红减肥法"我统统尝试过。

这些并不科学的减肥方法，确实在短期内帮我减轻了一些重量，但是随之而来的失眠、脱发、长痘、经期不规律、反弹让我备受煎熬,更糟糕的是,一直以来电量还算充足的我,那段时间总是特别容易困倦,脑袋昏昏沉沉的,注意力涣散,时不时还会情绪崩溃,整个人处于又累又颓的糟糕状态中,工作、生活都受到了很大影响。

身心不堪重负,我只能无奈放弃计划,一切回到炼狱式减肥之前。神奇的是,恢复正常生活不久,我的精力也逐渐复原了。后来,接触到"精力管理"的相关书籍后,我才清楚自己之所以大多数时候看起来精力不错,并不是什么天赋异禀,而是日常生活节律在很多地方和精力管理的原则相吻合。

很多人喜欢做时间管理,但我觉得比时间管理更重要的是精力管理。因为时间容易被意外打乱,具有不确定性,但精力是我们自己能调节控制的,是相对确定的。

如何做精力管理呢?接下来,我会把自己的切身体会和精力管理的理论知识相结合,为大家分享一些行之有效、一用就会的精力管理方法,让你日常保持电量充足,状态在线。

一、测测你的精力水平在第几层

英国咨询顾问丹尼尔·布朗尼在《超级精力管理术》一书中,把人的精力水平由低到高分为完全糟糕、不堪重负、积极应对、全力以赴、游刃有余五个层级。

精力水平处于"完全糟糕"这个层级时,你总会觉得自己疲惫不堪,身体会伴随着颈椎、腰椎疼痛等基础疾病,同时,你的精神也会时刻处于崩溃边缘,有严重的失眠、焦躁,甚至抑郁表现。

精力水平的第二层"不堪重负",其实就是我们常说的"忙累丧"。精力水平处于这个层级时,具体表现为爱拖延、爱抱怨,容易挫败、焦虑,有时打开电脑只做了一点儿简单的事情,就感到很疲惫,整天无精打采的。

处于精力水平的第三层"积极应对"时,白天你基本能应付自己的工作学习,偶尔会感觉到自己很累、很难,脑子浑浑沌沌的,无法进行高效工作。一天工作学习完后,你会感到自己身体已经完全被掏空,一句话也不想说,只想躺在床上刷刷手机,看点娱乐性的内容,这时你偶尔会失眠、难入睡、易惊醒,很想找到提升精力的办法,但又不知从何下手。

精力水平的第四层"全力以赴",处于这个层级时,你在工作、学习时间段,基本能做到能量满满、情绪高涨,你对自身的精力状况有所了解,能在精力水平较高时去做一些重要的事情。但一天的辛苦付出后,你无法再像"游刃有余"的人一样,利用下班时间给自己充电提升,也无法全身心投入到放松休闲中。

"游刃有余"是精力水平的最高层,精力水平处于这一层级时,你整天都是精力充沛、活力满满的。你的工作、生活处于一种高效、舒适的平衡状态,即便偶尔因为熬夜或突发事件感到疲惫,你也能快速调整自己的状态积极应对。

对照这个标准,你的精力水平处于哪个层级呢?

如果你的精力水平已经处于"游刃有余"的层级,那么恭喜你,你已经拥有很多人难以追赶的核心竞争力;如果你的精力水平还处于比较低的层级,那么没关系,接下来我们将一起开启一场活力满满的"精力蓄能"之旅。

二、用好精力管理金字塔

著名心理学家吉姆·洛尔和作家托尼·施瓦茨在《精力管理》一书中指出,人的精力来源于体能、情感、思维、意义感四个维度,我们可以把这四个维度称为"精力管理的四层金字塔"。

1. 体能:源源不断输入电量

精力管理金字塔底端的"体能",就像蓄电池的底座一样,可以源源不断为我们输入电量,这是我们精力的基础来源,也是最容易管理的部分,为什么这么说呢?

因为体能是最容易消耗,也是最容易补充的,影响我们体能的几大因素有吃饭、睡觉、运动、呼吸,这些都是我们可以自由调控的。

(1) 人如其食：你会好好吃饭吗

如果说体能是精力来源的基础，那食物就是基础中的基础，我们每天摄入的食物会直接影响自己当天的能量状态。

就像我之前减肥，因为过度控制饮食，吃得不合理，整个人又丧又颓，无法高效运转。那么，怎么吃才能让食物为我们稳定输送能量呢？

我的心得是：爱上喝水；别饿着，也别吃太饱；选择吃低升糖指数的食物，少吃米、面、馒头、包子这类高碳水化合物。

为什么要这么吃呢？

过度控制饮食和很饿了才吃饭，会导致体内糖原不足，影响大脑功能。正所谓"饭饱神虚"，吃太多、吃太饱后，血液会大量进入消化器官，帮助我们消化、吸收食物，从而导致大脑供血量减少，人就容易产生困倦。米面馒头都是典型的高升糖食物，吃了这些食物后，血糖上升很快，胰岛素快速分泌，会让色氨酸进入大脑，而色氨酸恰恰是让我们产生睡意的褪黑素初始前体。这就是为什么很多人，在刚吃完饭时有一种"满血复活"的感觉，可不一会儿就困得提不起精神的原因。

(2) R90高效睡眠法：让你整天不犯困

会吃还要会睡，睡个好觉对于人们恢复精力以及清理大脑垃圾扩容精力有至关重要的作用。不过,现实情况是,现代人很多都睡不好觉。

有人不可避免地要熬夜,无法做到早睡早起;有人每天面临高强度的工作压力,根本睡不够八小时;有人明明睡足了八小时,但起来之后依旧无精打采……如果你也有类似的睡眠问题,那么可以试试英超曼联御用睡眠教练尼克·利特尔黑尔斯提出的"R90睡眠法"。

R90睡眠法是根据人的睡眠周期和昼夜节律设计的一种高效睡眠方案。

研究表明,人的一个睡眠周期包括快速眼动睡眠期和非快速眼动睡眠期两个时相,两个时相交替一次为一个周期,一个周期约为90分钟,一个周期里会有一次浅度睡眠和深度睡眠交替。

一般而言,一次能让人收获充沛精力的好睡眠,需要4~5个完整的睡眠周期,即6~7.5小时。另外,比"睡够时长"更重要的是"起对时间",因为只有在"浅度睡眠期"醒来,我们才能遇到一个神清气爽的自己,为什么这么说呢?

回忆一下,当你睡得很熟时,突然被粗暴的敲门声、急促的闹钟声吵醒,此时你是什么感受?你起床之后是脑袋清醒,还是脑袋昏沉的?答案肯定已经在你脑海中了。

利用"R90 睡眠法"高效睡眠,你需要注意以下几点:

- 固定好起床时间,然后往前倒推入睡时间;
- 提前 30~45 分钟上床,调暗灯光,远离手机,做好入睡前准备;
- 按时起床,不要贪睡,不要再进入深度睡眠;
- 作为补充休息,中午给自己安排 20~30 分钟的小憩时间。

比如,你要在 7:00 起床,往前倒推 5 个周期,再加上 30~45 分钟的睡前准备时间,那你在 11:00 左右上床准备入睡是一个比较合理的时间。但要注意的是,千万不要这个时间上床,然后躺在床上玩手机玩到凌晨哦。

如果你没办法在最佳时间入睡,那么可以根据自己的情况重新推算睡眠节点,但每晚至少给自己保证最少 3 个睡眠周期,也就是 4.5 小时睡眠时间。

至于中午的补充休息,如果条件允许,你可以躺在床上、戴上眼罩,让自己舒适地小憩 20~30 分钟。如果条件不允许,你也可以靠在椅子上,闭上眼睛,静静地让自己放空一段时间,给自己快充一些电量。

(3)你的一呼一吸、一举一动,藏着你的能量

人只要活着,就一定要呼吸。

但你知道吗?你的一呼一吸里,其实藏着身体的能量密码。

当你感觉很疲劳,脑袋昏昏沉沉,又没有办法马上用睡觉等这些恢复精力的方式调整自己的状态时,可以试着暂时放下手中的事情,闭上眼睛,花上 1~3 分钟的时间用瑜伽练习里的"3-3-6 呼吸法"(用鼻子吸气 3 秒,屏住呼吸 3 秒,再呼气 6 秒,来回循环 8 次)或"IAP 呼吸法"(用鼻吸气,吸气时最大限度地扩张腹部;用嘴巴呼气,呼气时用力缩紧腹部)调整自己的呼吸,之后你会明显感觉自己的身体轻快不少。

我知道一个人的呼吸方式是很难改变的,所以开始时你可以选择一些跟练视频去跟练,找到呼吸的节奏。

除了吃饭、睡觉、呼吸,运动对于体能的重要性更是不言而喻。其实,大家都知道运动意义重大,但还是很难迈出开始的那一步。我以前也不是一个喜欢运动的人,和很多人一样,觉得运动是一件既消耗体力又让人痛苦的事情。

但是,现在我喜欢上了运动,运动不仅能增强体能,运动后产生的内啡肽和多巴胺还会像"快乐激素"一样,让人由内而外变得很满足。

如果你担心没时间运动或难以坚持,我推荐你试试专业运动员训练时常用的高效训练法——间歇性运动。间歇性运动的核心在于"间歇"两个字,整个训练过程由若干组不同强度的训练组合而成,组间安排短暂的休息时间,这种"训练—休息—训练"的模式,能很好地提升身体抗压能力,让精力恢复更加高效。

如果你没有任何的运动基础,刚开始运动时不要着急,你可以先从五分钟、十分钟开始,慢慢增加自己的运动时长。只要你勇敢迈出第一步,让自己先动起来,改变就开始发生了。

2. 用情绪账户储值,为自己的精力增值

体能可以为我们持续充电,但为什么有的人明明身体健康、体格健壮,每天按时吃饭、按时睡觉,却还总是感觉精力不足呢?这是因为有的人把自己 80% 的精力都浪费在了拖延、纠结、抱怨、焦虑、争吵等这些自我耗损的事情上,自然没有多余的力气去做别的事情了。

相信每个人都有这样的体会,当你心情愉悦、情绪高涨时,精力也会更加充沛,而当你被大量负面情绪包裹时,精力水平也会直线下滑,负面情绪会快速消耗我们的精力储备。

所以,要做好精力管理,必须要学会情绪管理。

我们在本书第一部分,介绍了"情绪日记""情绪 ABC 管理法"等这些调节情绪的方法,希望你能学以致用,用这些方法来调整自己的情绪,为自己的情绪账户不断储值。

作家贾尼斯·卡普兰说:"你的不幸来自抱怨,你的幸福来自你的感恩。"

除了上述方法,我们还可以调整视角,用"写感恩日记"的方式找到打开快乐心门的钥匙,让自己获得更多正面情绪,为精力增值。

感恩看起来是一种外在行为,但几乎所有外在行为都是内心投射。人生这一路荆棘丛生,如果你只顾盯着荆棘看,自然就闻不到荆棘里盛放的玫瑰香。但如果我们转变视角,把自己的心态调整为感恩模式,从现在开始每天试着写下一件值得让你感激的事,然后把一变成三,把三变成五……直到将阴影远远抛在身后。

写什么呢?可以写得实在太多了,比如:今天的夕阳很美,街角的玫瑰开了,上班没有堵车,和朋友聊天很开心……这些难道不是值得我们感恩的事吗?

说回精力消耗,除了情绪损耗外,连续不间断的工作同样会导致精力的过度消耗。精力过度消耗的危害,就像我们的银行账户一样,如果储值消耗过快,存量又跟不上,账户就会出现库亏、负债。

所以,为了我们的"精力账户"能长期稳定运转,我们要学会劳逸结合,在工作间歇适当加入休息,不要着急一次把所有事情做完,学会给自己每天的工作按下暂停键,安排给自己一些生活和恢复精力的时间。

对于精力管理金字塔中的思维和意义感,可以参照本书策略篇和目标定位小节的相关内容，因为篇幅有限，在此就不展开论述了。

最后，希望这趟"精力蓄能"之旅只是开始，真心祝愿你今后的每一天都是活力满满的一天。

第五章

学习：终身学习，终身成长

孔子说："学而不已，阖棺而止。"

你说："学习好痛苦，我不想学怎么办？"

我说："往下看看吧，或许就不痛了。"

离开校园后我最受益的成长秘籍

一、越早抛弃学生思维,越早成长

"那么一点儿小事都做不好!"这句话是不是很熟悉?很多人都有类似被批评、被责骂的经历,这也是我自己的真实经历。这是大四实习的第三天,坐了两天的冷板凳后,部门领导对我说的第三句话,前两句分别是"那个谁你去给客户倒杯水"和"怎么茶也不放"。

当时因为领导的这句话,我难过了整整一天,下班后特别委屈地和朋友抱怨了很久:为什么我明明没有做错,却要接受无端的批评?明明是他让我倒水的,凭什么又说我没放茶?真是倒霉透顶了,遇到这样一个不分青红皂白的领导,而且我都来了两天了,他什么任务都没交给我,是不是看我不顺眼啊?

看到这里,你是觉得我太玻璃心、太小题大做了,还是也在感同身受地为当时的我委屈？

如果是后者，那我替当时的自己谢谢你的善良，但同时也要告诉你：注意警惕你的"学生思维"，它可能会拖累你。为何这样说呢？

多年后再回看这件事，表面上我的确没有做错事，领导对我的指责也有失公允，但这不代表当时的我一点儿问题都没有，更不意味着领导的做法就是绝对错误的。现在我们一起来拆解下，看看当时的我究竟有什么问题。

首先，"坐了两天冷板凳"是因为我没有主动意识，依然像在学校一样等着领导、上级布置任务，习惯被动接受安排，而不是主动争取。

其次，过于"玻璃心"。领导的态度的确说不上好，但为了一句批评的话我难过了一整天，花费了太多的时间在情绪内耗上，并且把负面情绪放大到其他事情上，觉得领导不给我安排工作就是看我不顺眼，过度在意别人的评价，过于玻璃心。

第三，只执行，不思考。当时领导让我倒水，我接到任务后就立马执行了，没有进一步思考：招待客户是不是茶水更合适？如果当时我能停下来，主动询问客户一句："您是需要茶水，还是白开水？"是不是就没有之后的不愉快了？

第四，一直纠结于工作的对与错。在和朋友抱怨时，我一直纠结于领导说的是倒水,而不是倒茶这一细节,认为凡事非黑即白,在这件事上就是自己对了,领导错了。一直纠结于对错,无法冷静分析造成既定事实的其他因素,比如:是不是领导原本想说的就是倒茶,但口误了?

总结起来,当时我最大的问题就是把"学生思维"带到了职场中。也正是因为这个问题,实习第一周我一直充当的是办公室里一块毫无存在感的背景板,每天准点上班、准点下班,在办公室心虚地刷一天的微博或看一天的新闻,偶尔有一些任务也都是诸如端茶倒水、送资料的小事。

我在实习期开始有所收获,是从部门领导的另一句话开始的。一次,在我给部门领导送资料时,他说:"要尽快适应自己的新角色,学会主动争取机会。老师们外采时你都可以主动跟着去,没给你们指定实习老师,就是为了让你们多和不同的老师学习。"

这句话让我如梦初醒。是呀,整个新闻部就两个实习生,老师们忙到恨不得手脚并用,明明到处都是学习机会,为什么不主动争取,而要等着别人给我派任务呢?

之后,我的实习生活变得忙碌充实起来,从扛设备、举话筒、提取字幕这些基础工作,到后来学会主动报选题、参与选题策划、编辑、剪辑,再到实习结束时我已经能独自外采、发稿。实习结束,我最大的收获是:职场上,任何人都可以成为你的老师,但没人有义务去教你,你得主动去学。

离开校园的第一课,我明白了职场中越早抛弃学生思维,越早开始成长。

二、几种典型的学生思维,你有吗

每个人从走出校园,到步入职场,都会完成一次从学生到职场人的角色转变,不过身份角色的转变不代表思维方式的改变。很多初入职场,甚至已经工作好几年的职场人在面对职场问题时,思维方式依旧停留在校园时代,难以适应职场环境。

1. 任务思维:接受、执行,被动成长

学生阶段,基本我们每天的学习任务都是家长、老师安排好的,只需要按部就班完成老师布置的任务即可。

如果带着这种心态进入职场,就会习惯等待领导或上司布置任务,被动接受工作安排,不会主动争取工作机会,但职场上大多数的工作机会都是要靠自己争取的。

就像 Facebook 的首位女性董事桑德伯格说的,"社会财富从来都不是被分配的,而是人们主动获取的。"职场上你想获得什么,全在于你主动争取了什么。

另外,如果带着任务心态工作,那工作模式通常就会变成:

接受、执行，很少会主动思考这项工作内容是否合理，实施过程中可能存在什么问题，工作过程中还有哪些可以优化的空间，我能从这项工作中学到什么或收获什么？

长期带着任务心态工作，等待安排、被动成长，不仅会降低你的成长速度，还可能会影响你的独立思考能力。

2. 应试思维：准备好才开始，一切都有标准答案

如果老师临时通知你去参加一场演讲比赛，你会怎么说？

"老师，我没准备好！"这或许是很多人的答案。

凡事要准备好了才开始，这就是典型的应试思维表现。

学生时代在做很多事时，我们都有足够的时间去准备，大考前有好几轮复习，对于重要比赛，我们可以安排大量练习时间，甚至连课前一分钟的演讲，你都有一周时间去把稿子背熟。

但是，人生从来都不是你准备好了才开始的。

如果今天领导让你做方案汇报，你的回答依旧是"领导，我没准备好"，你觉得领导是会觉得你低调谦虚，还是能力不足呢？

再比如，现在有个升职的机会摆在你面前，很多同事都去主动申请了，但你觉得自己没准备好，于是放弃了，结果业务能力不如你的同事成功升职了，而你还在原地踏步。

人生永远不存在完全准备好的时刻，等你准备好很多机会都消失了，但只要主动迈出一步，就可能接近成功。

应试思维还有一个典型的表现是:一切都有标准答案。

以往接受的教育让我们有一个根深蒂固的想法:事情非对即错,所有题目都有标准答案,我一定要找到我认为"对"的那个答案。而现实中的大多数事情其实是没有标准答案的,有的只是立场和思考角度的不同。

比如,一个产品包装,站在市场和用户角度,你觉得设计感较强的方案 A 更贴合产品,而客户却坚持认为设计感较弱的方案 B 更适合。这时,有"学生思维"的设计师会认为:这个客户真是老土,完全不懂审美,而有"职场思维"的设计师则会主动思考客户选择方案 B 的原因,是因为包装成本和产品定价吗?还有没有其他更优的解决方案呢?

工作的本质是解决问题,而不是解答问题,并非所有事情都需要标准答案。

3. 社交智商偏低

职场新人常有这样的困惑:为什么有的人明明才华横溢,在职场上却屡屡碰壁?而有的人看起来似乎能力不太出众,却总能轻而易举获得同事的喜爱和领导的青睐?

其中的原因当然不排除机遇、运气的成分,但很关键的一点是这两类人的"社交智商"不同。

什么是社交智商?心理学家爱德华·桑代克把社交智商定

义为能够处理和了解人际关系的能力。曾和霍金合著《时间简史》的物理学家蒙洛迪诺在《潜意识》一书中提出一个观点:人类区别于其他动物的主要特质之一不是智力,而是社交智商。

那在职场中,社交智商高和社交智商偏低的人,会有什么不同表现呢?

卡尔·阿尔布雷希特博士在他的著作《社交智商:成功的新科学》中,列出了五个社交智商高的人所具备的特质:情景感知、在场、真实、表达清晰、同理心。

情景感知,指的是在和人打交道之前,社交智商高的人会花时间去"阅读"当下的情景,了解他人的情绪状态、行为状态以及是否在准备互动。

而社交智商偏低的人呢,他们通常不会太在乎别人的情绪和行为状态,只会单刀直入地提出自己的想法。比如,你正在为第二天的提案忙得焦头烂额,你的同事突然发来一堆数据资料,让你帮忙整理成邮件发送出去,这时你是不是心里一百个不爽?

在场,指的是在和他人互动时身心都要在场,学会关注别人的想法和情感,不要分心,也不要敷衍互动。

真实,即尊重他人,对他人坦诚,同时尊重自己,相信自己的价值观和信仰。社交智商高的人在与人交往时,既不会曲意逢迎、刻意讨好,也不会高傲冷漠拒人于千里之外,他们有自己的坚持和标尺,懂得理解,也知道拒绝。

社交智商低的人则不太容易做到这一点,尤其是部分初入职场的人,他们可能会因为害怕而不敢表达自己的观点,害怕麻烦别人,同时也不会拒绝他人,只知道自己埋头单干。

表达清晰,沟通效率直接影响工作效率,社交智商高的人总能用一种容易理解的方式清楚地表达他们的想法和感受。而社交智商偏低的人,则可能会为了显示自己的能力,用一些需要二度理解的书面表述或专业词汇来表达。

比如,我曾遇到一个品牌方的实习生,在和设计师语音沟通设计时,一直说这里 leading(行间距)大一些,画面中刚好有"立定"两个字,设计师就进行了加大处理,实习生一直说"是 leading,不是立定",搞了半天设计师才反应过来是加大行间距,这是不是无形中增加了沟通成本。

同理心,这是社交智商高的人身上很重要的一个特质,他们在社交关系中往往能设身处地为他人着想,能理解和认同别人,不会给他人增加负担。

而社交智商偏低的人通常同理心较差,在职场上的常见表现是:把别人的帮助当作理所应当,不懂感激;喜欢当伸手党,遇到问题张口就问,不会主动思考等。

总结起来,高社交智商的人其实就是"知世故而不世故,处江湖而远江湖",这大概是成年人最成熟的纯真。

　　初入校园的职场人,因为过往社交关系相对简单,可能会有社交智商偏低的迹象,但社交智商是可以靠后天习得的,只要你丢掉学生思维,把高社交智商的特质带入工作生活,你也可以变成一个受人喜爱的社交小达人。

刻意学习：普通人的成长跃升之路

一、为什么你的坚持总不见效

"人们眼中的天才之所以卓越非凡，并非天资超人一等，而是付出了持续不断的努力。一万小时的锤炼是任何人从平凡变成超凡的必要条件。"这是作家格拉德威尔在其代表作《异类》写的一段话，也是很多人熟悉的"一万小时定律"。

后来，有人把"一万小时定律"总结为：要成为某个领域的专家，需要经过一万小时的大量练习。

这一总结是不是和我们自幼熟记的勤能补拙、天道酬勤不谋而合？但你是不是也时常困惑为什么有的人明明学习很努力，成绩却一般？为什么有的人天天熬夜加班、努力工作，工作能力却丝毫不见长？"大才出于勤奋"这个四海皆知的准则，为什么有时却不准了呢？

其实,并非准则不准,而是很多人片面理解了准则。

格拉德威尔"一万小时定律"的提出源于心理学家安德斯·艾利克森和其同事的一项心理学研究。在这项研究中,心理学家们找了三组柏林艺术大学音乐学院的小提琴专业学生进行对照研究,最后得出结论:练习时长越长的学生,小提琴水平就越高。同时,这项研究还发现,要想成为卓越的演奏者,一万小时是练习时长的临界值。

除了一万小时这个关键信息,这项研究里还有另外两个关键词:柏林艺术大学、小提琴专业学生。你看出隐藏在这两个关键词背后的真相了吗?

首先,柏林艺术大学,这是欧洲著名的艺术高等院校,也是世界顶尖的艺术学校之一;其二,小提琴专业的学生,这意味着他们的练习是带有目的的刻意练习,此外,他们的练习一定是在老师的指导、监督下完成的。

所以,"一万小时定律"的核心并非简单粗暴地瞎练堆砌时长,而是要专注于某一个专业、领域,在有效的学习环境下进行大量的刻意练习。

"刻意练习"相信很多人都听过,本书中也反复出现过多次,那究竟什么是刻意练习呢?心理学家安德斯·艾利克森后来在《刻意练习:如何从新手到大师》一书中总结刻意练习有以下特征:

- 刻意练习需要有明确定义的目标;
- 刻意练习发生在人的舒适区外;
- 刻意练习需要完全关注和有意识的行动;
- 刻意练习要包含反馈、调整。

也就是说,刻意练习≠漫无目的地瞎练,刻意练习>有目标地练。

刻意练习和漫无目的瞎练的区别很明显,和有目标地练既有共同之处,也有明显区别。有目标地练,练习过程中会有一个明确目标作为行动指导,至于具体怎么行动,并没有太多限制。刻意练习是一种目标明确的练习,和其他有目标地练不同,刻意练习是一种为了提升技能的训练,这种训练需要在舒适区外完成,并且最好有一位导师指导、监督,便于及时收获反馈和调整优化训练方案。

有的人在一件事情上坚持了很长时间,并且为之付出很多努力,但依旧进步不明显,原因就是没有在舒适区外刻意练习。

我有个同学从毕业后一直在考公务员,每次考试前她都会很认真地刷题、听课,结果却越考越差。一次聚会聊起她的复习情况,她说自己每天都会做一套行测真题,听2~3小时的行测课程,然后再完成一些对应的模块练习。

听完她的话,另一个同学有些吃惊地表示:"为什么呀?你没复习申论吗？你的行测不是每次都考得不差吗？"

发现了吗？我这个同学的练习每天都是目标明确的，但由于她没有一套完整的复习方案，一直在重复练习自己擅长的行测题目，忽略了自身的弱项，所以她练习了很久，做了很多题目，成绩依旧没有提升。

成长是一趟不断破圈、打怪的升级之旅，有人一通乱打永远在新手期打转，有人日夜苦练但不会运用技能，所以通关进度缓慢，而高手们则会方向明确地通过刻意练习，找到一条可以快速通关的路。

二、三步开启刻意练习跃升之路

第一步：找到一个好导师，明确训练目标，确定训练方案

刻意练习最初是被用于音乐、围棋、体育等这些专业领域的训练方法，在这些专业领域里，指导老师和教练通常会在训练开始前，根据每个训练者的实际情况，为其制定一个行之有效的练习方案，以便练习可以更高效，更具针对性。

在用刻意练习的原则提升自己时，最好给自己找个"导师"，跟着"导师"练习会少走很多弯路。

当然，这个导师既可以是你能找到的某个具体的、专业很厉害的人，也可以是某个你想学习的榜样，或者已经被验证有效的

方法、书籍等。

比如你想练习写作,提高写作水平,那么可以参加一个写作培训班,跟着老师学习写作的套路、技巧;也可以从人物传记、人物访谈、名家名作中了解名家们是如何写作的,找出他们的经验、行文风格,然后模仿他们去练习;或者你也可以多看几本教写作的工具书,从中总结出适合自己的写作方法。

还有一个更直接的方法:边写边学。你可以先确定一个写作目标,然后拿起笔开始写,在写的过程中发现自己的薄弱点,然后再针对薄弱点进行练习,边练边学,不断调整优化自己的练习方案,《独立宣言》的起草者富兰克林用的就是这种方法。

第二步:建立缓冲地带,在舒适圈边缘刻意练习

走到舒适区外去练习,这是刻意练习和一般练习的主要区别之一。我们总是在很多不同的场合听到这句话:"走出舒适区。"那究竟什么是舒适区?又该如何走出舒适区呢?

心理学研究认为,人对外界的认知主要分为三个区域:舒适区、学习区、恐慌区。

舒适区,也就是我们的心理安全区,在这个区域里,我们做事得心应手,周围的一切都让我们感觉熟悉并舒服,但在这个区域里能学到的东西很少,进步很慢,长期待在这个区域里,人的抗风险能力会变弱,并且容易产生惰性,一旦周围环境发生变

化,人就会感到无所适从。

学习区,指的是我们从未涉足或很少接触的领域,这个领域充满了新鲜事物和挑战,在这里我们有更广阔的学习空间和更多的学习机会。恐慌区,顾名思义就是超出自我认知,并且自我能力达不到,令人感到强烈恐慌不安的区域。

学习区里机会多,所以很多人会说:"我要跳出舒适区,到学习区去厮杀。"

一个三餐饮食规律的人说:"我要减肥,从今天开始只吃一顿饭。"

一个没有运动基础的人说:"从今天开始,我每天要跑步一小时。"

一个刚刚开始练习写作的人说:"我要写书,我要出书。"

冲动之下,盲目跳出舒适区,最后的结果会怎样呢?叫嚷着每天只吃一顿饭的人,坚持了三天就放弃了;说每天跑步一小时的人,跑了一天歇了一个星期;说要写书的人四处碰壁,直接放弃了写作。

所以,不要一下跳出舒适区,更科学的做法是在舒适区和学习区之间给自己设置一个"进可攻,退可守"的缓冲地带,在舒适圈边缘探索学习,并不断扩大自己的舒适区范围。

比如,三餐规律的人想通过控制饮食减肥,不要一下强迫自己只吃一顿饭或只吃水煮菜,更合理的做法是三餐正常吃,但每餐减少油、盐、碳水化合物的摄入量。

第三步:及时反馈,及时调整

我以前辅导学员写作时,有个准备从南非回国参加高考的学员,写作能力相对较弱,但这个学员特别勤奋,她对我说:"老师,你每两天给我布置一篇作文吧,我想多练练,快速提升自己的作文水平。"

我当然没有接受她的主动练习请求,而是让她每周只写一篇作文,甚至每两周写一篇,其余时间我会带她从主题立意、谋篇布局、遣词造句等方面寻找这篇作文的不足,然后再由她自己去修改,修改之后我再给她反馈,之后她继续优化修改,通常一篇作文至少要改三遍才算完。

一个学期之后,她的作文水平有了明显提高,甚至还在作文比赛中获了奖。

"无反馈,不进步",这句话我在辅导学员和自我学习的过程中深有体会,学习过程中的每一次进步都离不开反馈,只有练习,没有反馈,那再多的练习可能都是白费,这也是运动员训练、比赛时,教练一定会在场边陪同的原因。

如果刻意练习过程中有一个导师,那么我们会不断从导师身上获得练习经验和及时反馈,以便及时调整优化自己的练习方法,取得进步。

但如果没有导师,你也不用着急,获得反馈的方法还有很多。

(1)从输出中获得反馈:通过写作、演讲、教别人、阶段测试等方式输出内容,然后在输出过程中不断反思、优化自己的训练。

(2)从家人伙伴身上获得反馈:寻找一个练习伙伴或点评人,从伙伴身上获得反馈,这个伙伴可以是你的家人、朋友,也可以是志趣相投的陌生人。

(3)自我观察获得反馈:如果要刻意练习的是演讲、英语口语等这些技能,你可以通过对镜观察、录视频等方式观察自己,从中发现不足,及时调整。

(4)对标榜样获得反馈:对手和偶像永远是你最好的老师,把对手或偶像作为你对标的对象,对比查找你们之间的差距,然后通过练习不断拉近你们之间的距离。

刻意练习,成长可期。愿你在刻意练习中不断收获一个全新的自己。

深度学习：跳出低水平努力怪圈

"有没有什么可以快速提升自我的方法？"

"学习。"

"我们从小到大学了那么多知识，但感觉实际生活中用的不多啊。"

这是我和一个即将毕业的年轻人之间的对话。

这种"学不能致用"的困惑，其实很多人都有。本书前面也提到过，知识信息只有真正被吸收、内化，为己所用，才能成为自己的知识。

一、做"蜜蜂型学习者"，学会搭建自己的知识蜂巢

要让知识真正为己所用，深度学习是必不可少的。深入学习的第一步，是学会转变自己的学习方式。

秋叶大叔在《高效学习7堂课》中说，"对于学习而言，大部

分人是松鼠型学习者,少部分人是蜜蜂型学习者。"这种说法我深以为然,因为我自己曾经就是一个"松鼠型学习者"。什么是松鼠型学习?什么是蜜蜂型学习?两种学习有什么本质不同?

松鼠和蜜蜂,都是大自然中的劳模典范,但它们努力的方式是截然不同的。

先来看勤劳的小松鼠:每个冬季来临之前,松鼠都会坚持不懈地往自己的洞穴搬松果,为了储存足够的过冬食物,它们甚至学会了把松果分散储藏。但等冬天真正来临时,很多它们辛苦搬运、储藏的松果,最终会被遗忘在土壤里。第二年冬天来临之前,它们又会继续搬松果、藏松果,最后很多松果又被遗忘。

而蜜蜂呢?蜜蜂在酿蜜之前会先搭建好蜂巢的框架,然后从百花中采蜜,通过自身消化后分泌出蜂蜡,用蜂蜡重塑、完善蜂房,最后拼合成蜂巢并不断扩容蜂巢,以便储存更多的蜂蜜。当蜂群足够大之后,它们会自然分化出一个新的蜂群,用之前的方法继续去筑巢、酿蜜。

到这里,你或许已经看出了两种学习方法的不同了。

松鼠型学习,就是像小松鼠一样看起来很勤奋,每天都在卖力学习,但学习路径单一,学习内容零散、不成体系。这种学习方式,表面看起来好像收获了不少"干货",但经常是学了就忘,每次学习都要从头开始,一直在低水平重复。

蜜蜂型学习,则是先明确好学习方向,有目标、有秩序地搭好基础知识框架,然后通过吸收、内化不断完善知识框架,并不断扩容自己的知识体系。这种学习方式乍看起来学习进度很慢,但在日积月累中,我们熟练掌握了"蜂巢搭建"的技术,拥有了举一反三的学习迁移的能力。

松鼠型学习和蜜蜂型学习的区别在于:学习路径不同,学习收获自然也就不同。

松鼠型学习的路径是"搬运—储存—搬运—储存",整个过程只有重复输入,没有任何吸收、内化的步骤,一直处于低水平的瞎忙状态。

而蜜蜂式学习的路径是"选好方向,明确目标—收集信息,搭建框架—吸收、内化,完善框架—不断扩容框架—内化输出成果(蜂蜜、蜂王浆等)—举一反三,知识迁移",这个过程完整地涵盖了"信息输入""吸收内化""加工再造""高质量输出""知识迁移"等环节,构成了一套完整又高效的学习循环模型。

如果仔细观察我们熟悉的那些高手,你会发现,他们绝大多数都是"蜜蜂型学习者",但遗憾的是,生活中大部分人都是一直努力瞎忙的"松鼠"。

我刚入行做品牌咨询时,也是这样一只低效努力的"小松鼠"。那时,非专业出身的我为了能快速胜任自己的工作,一口气加入了很多行业社群,每天我会花费大量时间去看同行分享的经验和案例。但是,当我开始正式接触项目后,却发现就算我把那些案例看得烂熟于心,依旧很难独立完成一份有创意、观点鲜明的方案。

就这样,我在忙忙碌碌中笨拙地度过了自己的职场新手期。不过还算幸运的是,大约两个月后,我慢慢能上手项目了,这个不算太慢的成长速度,绝不是我有什么异于常人的领悟能力,而是因为我学会运用"巨人思维",在两个月内看完了《营销管理》《定位》《影响力》这些经典的品牌营销书籍,站在巨人肩膀上学习,掌握了品牌营销的入门知识。

二、巨人思维:站在巨人肩膀上看世界

蜜蜂型学习有一个核心要点:先搭好基础框架,再进行细节学习,这样学习才会更高效、更深入。而在所有搭建知识框架的方法中,最高效、最简单的就是"巨人思维"。

什么是"巨人思维"?

简单来说,"巨人思维"就是充分学习、吸收"巨人"智慧,经过自己内化加工后,把"巨人"的知识框架转变为自己的知识框架。而"巨人"指的是行业专家、经典书籍、系统的优质课程等。

为什么我说"巨人思维"是最高效的搭建知识框架的方法呢?

理由很简单,阳光底下没有新鲜事,我们现在面临的很多困惑,前人已经经历过,而且不少他们已经找到了解决方案。

就像有句话说的,"我的顿悟,可能只是别人的基本功"。在学习这条道路上,我们无须闭门造车,苦思冥想地去研究怎么发明轮子,只需站在"巨人"肩膀上,看清楚哪条路可以让车子走得更快、走得更远就可以了。

站在"巨人"肩膀上学习有两大好处:一是可以避免走弯路;二是可以让知识更准确、系统。

1. 避免走弯路

假设你面前有一座巍峨的大山,你需要在天黑前,在山顶插上一面旗帜,你会怎么做?

可能会有人说:"我可以早一点儿出发,选择一条更近的小路。中途尽量少休息,加快速度爬到山顶。"这个主意听起来似乎还不错,但爬过山的人都知道,如果只依靠自己的力量,即便抄近道上山,也是要走不少弯路,花不少时间才能抵达山顶的,而且很可能我们还没到山顶天就已经黑了。

如果我们站在巨人肩膀上,借助巨人的力量插旗,结果会怎样呢?巨人很高,站起来可能就已经接近山顶了,我们站在他的肩膀上不需要花费太多的力气,就可以直接把旗帜插到山顶。

任何一个独立的个体,认知和精力都是有限的,但知识是无限的。如果我们仅依靠自己的认知去学习,过程中不可避免地会走弯路、走错路,而站在巨人肩膀上学习,可以有效规避很多成长道路上的弯路、错路。

2. 让知识更系统、更准确

碎片化时代大部分人的学习方式是:用碎片化时间,学习碎片化知识。在这个时代,碎片化学习自然有它的意义,但如果没有深度学习,即便我们已经拥有了成千上万的知识碎片,还是很难把这些碎片知识系统化,并灵活运用这些知识。

站在"巨人"肩膀上学习,"巨人"可以帮我们把碎片的知识变得系统,便于我们快速拼成自己的知识框架图。

另外,我们平常学到的碎片化知识,其实很多都是经过加工的二手知识、三手知识,甚至是四手知识。就像前面提到的,知识在加工和传递过程中,很可能被断章取义或误读。

要想避免学到断章取义、误传,甚至是错误的知识,最好的办法是:找到"巨人",跟着"巨人"从源头学习知识。那么如何才能找到真正的巨人呢?

(1)用好网络工具

信息化时代,你想知道的很多问题都有答案。我们可以利用好搜索引擎、知识付费平台、社交软件,让它们变成查找知识的工具。借助网络工具精准搜索,找到你需要学习的领域公认的专家、经典著作等。

(2)借助"中间巨人"

如果你担心搜索信息良莠不齐,无法筛选判断真正的"巨人",那你可以使用折中的办法:通过"中间巨人"找到最后的"巨人"。

比如,你可以看业内知名人士推荐的书单,看一些知识付费课程中提到的经典著作等。

另外,你也可以通过身边的亲友、同事等去链接"巨人"。就像"六度空间理论"说的,我们和陌生人之间的间隔一般不会超过六个人。当你要深度学习某个知识或技能时,可以先链接该领域你认识的高手,向他们请教,再通过他们的推荐找到更厉害的高手,再通过更厉害的高手找到专家,一步步找到"巨人"。

需要注意的是,"巨人"的观点也不一定全对,或全然适合你。用"巨人思维"学习时,不要只关注一个"巨人",可以多找几个"巨人"学习,让"巨人"批判"巨人",让"巨人"完善"巨人",最后把"巨人们"的思想融合为自己的思想。

三、最好的学是输出倒逼输入

学习的目的是把知识内化为己用,进行有效输出。

但输出绝不是学习的终点,相反,你的每一次输出其实都是一个新的学习起点。用输出倒逼输入,以教代学,实现知识的简化吸收和融会贯通,这是由诺贝尔物理学奖得主费曼提出的"费曼学习法"的核心要点。

如果学习只有输入,没有输出,那我们就很难了解自己的真实学习情况。

就像学生时代的考试,试卷上总有那么几道看起来似曾相识,偏偏写不出答案的题目。这种"似曾相识"的知识,在没有进行考试输出前,大部分人会觉得自己已经会了,考试后,才发现自己并没有真正掌握这些知识。

输出能直接检验我们的学习成果,帮助我们找到学习盲区,以及没有完全掌握的"脆弱知识",以便后续输入过程中能更好地查缺补漏,一步步完善自己的知识体系。

此外,输出还是一个促进主动学习的好办法。

以往我们无论是上课听讲,还是看公众号文章、短视频干货,大部分时间都是为了输入而输入的被动学习。被动学习时,我们的状态通常是老师教授什么我们听什么,别人分享什么我们看什么,接受这些知识信息时,我们很少去思考这些知识有什么用?该怎么用?

但如果带着具体的输出目的去学习,学习目标会更清晰,学习动力也会更足。

比如,下周你需要给客户提交汇报方案,你对方案中一个专业名词有些不理解,这时你一定会主动查阅资料,努力搞清楚这个名词的含义,而不是等着客户突然发问,你蒙圈愣在原地。

要想获得长久的学习效果,最好进行长期稳定的输出。

如何进行长期稳定的输出呢?写作、演讲、讲课、分享都是很好的持续输出方式。这些方式看起来不简单,但做起来并不像我们想象中的那么难。最初你只需要试着在看完一本书后写下自己的所思所想,试着把一个专业的知识用最简单的话解释给你的伙伴,对着你的小宠物或窗外的风景聊聊你今天的学习体会,这就算一次有效输出了。之后,再慢慢升级强化自己的输出方式,多加练习即可。

复盘：让你把经验化为能力

"人类从历史中学到的唯一教训，就是他们没有从历史中吸取任何教训。"黑格尔的这句话听起来很扎心，但确实是很多人的现实写照。

你有没有这样的体会？没把事情做好或做了一个不太好的决定，心里暗暗发誓下次一定不能这样了。结果没过多久，再遇到类似的事情，你又犯了同样的错误。

人们总是以同样的方式在同一个坑里摔倒很多次，在同一个泥沼里重复打滚。不过，优秀的企业家和行业高手们，却似乎总能从失败中吸取经验教训，很少重复犯错。这其实就是普通人和高手之间的差距，普通人只去经历，而高手却能把所有好坏经历都转化为能力，这个把经验转化为能力的过程叫"复盘"。

"复盘"这个词，原本是一个围棋术语。复盘，也叫复局，是指棋手在对局完毕后，把对弈过程再复演一遍，以便了解双方攻守的优劣和得失关键。和其他竞技运动相比,围棋训练方法相对简单:练棋谱、下棋、复盘,再下棋、复盘。

这种"下棋—复盘"的训练模式,看起来单调乏味,但棋手的棋力就是在这样日复一日、年复一年的训练中精进的。因为每次复盘,棋手都会把当时"走"的棋路再复演一遍或多遍,回想当时为什么这么"走",分析每一步的成败得失,再假设如果当时不这么"走",还可以怎么"走"……在复演中碰撞出更优、更新的布局方案,棋力自然在不知不觉中就增进了。

一次完整的复盘包括反观棋局、反思得失、反省总结、推演练习四个环节。

复盘思维在商业管理和个人成长领域同样适用,纵观古今,有所成就的人大多都是复盘高手。

"复盘"这个词现在很火,朋友圈隔三岔五有人分享自己的复盘感悟,并配文"无复盘、不成长""只有复盘,才能逆风翻盘"。这么多人都在积极复盘,但生活中我们为什么很少见到真正靠复盘实现逆风翻盘的人呢?

复盘是一个能有效升级认知、精进自我的好工具,这是毋庸置疑的。只是很多人一直没用对这个工具,一直在无效复盘,自然就成长不多或没有成长,更别提逆风翻盘了。

一、无效复盘,不如不做

1. 复盘≠复习+总结

朋友圈有个妈妈,每天晚上都会坚持分享自己孩子的"学习复盘",她的复盘模板大致是这样的:一段孩子认真念英语单词或背诵古诗的视频,加上孩子当日学习内容罗列。

这个妈妈很坚持,视频中孩子的学习状态也很认真。不过有一次,我看到视频里孩子一边伤心地哭,一边含糊不清地念单词,于是忍不住问妈妈,为什么每天坚持用这种方式分享孩子的"学习复盘"呢?

她告诉我,学校老师说每天帮孩子做好学习内容复盘,有助于孩子成绩提升。于是,她每天都会抽出时间带孩子复习、总结,并坚持在朋友圈做复盘打卡,而她的复盘模板则来自另一家长的分享。

显然,这个家长把复盘理解成了复习和总结,这样的"复盘"对孩子成绩提升帮助有多大呢?这个家长告诉我,她给孩子"复盘"了小半个学期,孩子进步并不明显,还有些抗拒每天打卡。

复盘不是复习,也不是总结。复习和总结梳理的是已知的部分,而复盘还要反思、推演未知的部分,只有总结没有反思、推演,等于无效复盘。

2. 反思≠思过，复盘≠批判

说到反思，很多人认为反思是思过，是自我批判。因此，他们觉得如果自己没有犯错，事情没有出现问题，就不需要复盘了。

就像我接触过的部分创业团队，他们只有在经营出现问题时，才会进行复盘。通常这种情况下，大家都带着情绪，复盘会议很容易变成相互指责的责任推卸大会或批斗大会。

反思不等于思过，复盘不等于否定、吐槽、批判。反思是指回过头去思考过去，从过去的事情中总结经验教训，它是一个没有感情色彩的中性词。

所以，并不是犯了错和出现问题后才需要复盘。个人可以结合自身情况进行日复盘、周复盘、月复盘、年复盘。我自己通常是每天一次小复盘，每月一次大复盘。如果是企业、团队复盘，那可以参照联想的复盘原则：小事及时复盘，大事阶段性复盘，事后全面复盘。

不管哪种复盘，都是以学习为导向的，是为了把萃取、提炼的经验教训应用到后续行动中。

3. 复盘≠复述，复盘≠画思维导图

只有把经验转化为能力，才是有效复盘。

生活中有的复盘看起来成果颇丰，其实并不高效。

比如,在一些知识类的社群里,经常会看到一些行动力超强的"学习大神",他们在听完一次分享或看完一本书后,总能先人一步画出一张图文并茂的思维导图,或快速梳理出关键内容,然后在群里激起一片艳羡和惊叹之声。

这类学习者,你可以说他是行动力和总结梳理能力超强的大神,却不能说他是复盘高手。高效复盘不是总结重复别人的观点,而是要把输入的信息重新总结归纳到自己的知识库里,并实现有效输出,并用这些输出来指导自己之后的行动。

复盘不是复述,更不是画思维导图。复盘的关键是找到未来改善和提升的办法,未经思索简单复述和快速得出结论,没有实现转化、应用的复盘算不上高效复盘。

那么,到底如何才能高效复盘,找到人生翻盘的密码呢?

二、可以翻转人生的 3 个高效复盘模型

高效复盘,从学会运用复盘模型开始。

坦白讲,我以前是一个不太懂得复盘的人。刚毕业时,我在一个小广告公司工作过一年,每次项目结束,老板都很喜欢带员工开复盘大会。因为老板平时比较严肃,会议上又难免要提及项目中的一些失误和不足,所以每次复盘同事们都心惊胆战的,担心自己被点名批评。

那时,我对复盘的认识也还是:复盘等于思过,复盘会议等于批判大会。带着这种认知,每次在写复盘总结时,总有一种小时候被老师罚抄错题的错觉,只想赶快应付了事,从没真正静下心来复盘项目过程中的得失。

我真正认识到复盘的重要性,是从一次远程项目合作开始的。远程项目合作时,沟通往往是影响项目推进的关键因素,我之前也有过因远程沟通和合作方产生不快的经历。

不过,这个让我意识到复盘重要性的合作项目,在整个项目推进过程中,双方沟通一直"丝滑"流畅,项目交付的效果甚至超出了双方预期。

后来项目复盘时,大家一致认为,这个项目之所以能那么"丝滑"地超预期完成,其中一个重要原因是合作方的负责人提出了在项目关键节点用"PDCA 循环法"沟通复盘,这个模型有效地为大家节约了沟通成本,提高了工作效率。

PDCA 循环法是由美国质量管理专家休哈特提出,戴明推广普及的一种质量管理模型,后被广泛用于企业管理和复盘。这一模型中的四个英文字母分别代表 plan(计划)、do(执行)、check(检查)、act(处理)四个环节。

P 计划阶段:明确目标,制订具体的实施计划;

D 执行阶段:展开任务,实施计划内容;

C 检查阶段:分析总结计划执行的结果,检查过程中的关键节点,分析哪些做对了,哪些做错了,明确效果,找出问题;

A 处理阶段:处理结果,将成功经验纳入标准流程,以便在后续工作中遵循;及时总结失败教训,并给出改进意见;对于没有解决的问题,提交到下一个循环中解决。

这次项目经历让我意识到了复盘的重要性,合作结束后,我把用"PDCA 循环法"复盘的习惯延续到了之后的工作中,并开始主动学习了解其他高效复盘的方法、模型。

现在,我工作中一般采用的是"PDCA 循环法"或"GRAI 复盘法"。和 PDCA 循环法相似,GRAI 复盘法包括 goal(目标回放),result(结果评估),analysis(过程分析),insight(规律总结)四个环节。

这些都是实用又高效的复盘模型,很适合有明确目标指向的项目复盘和大事件复盘。在个人日常复盘中,这些模型同样适用,但由于生活的不确定性,有时一板一眼套用模型可能会让复盘变得死板。所以,在边学边做中,我逐渐摸索出一个在横向事件复盘和纵向时间线复盘中都适用的方法,就是三步复盘法:即反观、反思、反应这三步。

第一步:反观——回顾目标、评估结果

回顾目标计划,评估完成结果。评估过程中,分列出已做和未做的部分,对比实际完成和原定目标之间的差距。在这个过程中,不要过度沉浸在未达成原定目标的情绪中,要从情绪中跳出来,客观地去思考已达成目标和原定目标相比的不足之处和亮点部分。

第二步:反思——分析原因,找到主因

在反观的基础上反思过程,努力找出结果产生的原因。这一步你可以借助"鱼骨分析法"或者"5WHY分析法"多从几个角度进行分析,多追问几个为什么,直到找到亮点产生的关键因素,以及造成不足的根本原因。

第三步:反应——提炼规律,推演转化

在反观目标和躬身自省后,我们必须有所反应,有所行动,学会从过去的经历中萃取"宝藏",总结出有用的规律。经验总结部分,你可以使用"KISS 模型"去完成,K 代表 keep,即做得好,下一步需要保持的部分;I 代表 improve,即不足,需要改进的部分;S 代表 start,即这次没做,以后可以实行的部分;S 代表 stop,即对自身或项目不利,需要停止的部分。

为了方便使用,我把上述三步梳理总结在了一张表上,具体见表 5-1,大家可以直接利用这张表来进行复盘。同时,也希望你在不断复盘的过程中,可以创造出属于自己的复盘模型。

表 5-1　每日/每周/每月复盘表

	目标回顾	结果评估	
反观	1. 2. 3. ……	已完成	
		未完成	
		亮点	
		不足	
反思	原因分析		
	（鱼骨图：主因、分原因）		
反省	经验总结（KISS 模型） K 保持： I 优化： S 开始做： S 停止做：	解决/改进方案	
	下一步目标和计划		
	1. 2. 3. ……		

学会这5个方法,让你行动力暴涨

你有拖延症吗?

2019年,中国高校传媒联盟面向全国199所高校的大学生展开过一次关于"拖延症"的调查,调查结果显示,超过97%的大学生认为自己有拖延症。而此前中国社科院的调查数据显示,86%的职场人也认为自己有拖延的习惯。

每个人几乎都有不同程度的拖延,我自己也是一个一直在和拖延对战的资深"战拖士",就连写这篇文章我也是在电脑前磨磨唧唧,浪费了将近二十分钟才终于打下了第一行字。以前每次拖延不想做事时,我总会想拖延一定是写在人类基因里的bug,不然为什么那么多人总是间歇性行动力爆棚、持续性拖拖拉拉呢?

结果,德国科学家发表在《社会认知与情感神经科学》的一项研究显示,拖延果真和人类基因相关,而这个造成拖延的幕后黑手就是 TH 基因（酪氨酸羟化酶），同时研究还表明 TH 基因对女性的影响比对男性的影响要大。

这时，你是不是觉得终于为自己的拖延找到一块科学挡箭牌了，下次再拖延可以理直气壮地对自己说："我也不想拖延呀，只是基因不允许。"

不瞒你说，我也很想这样简单粗暴地麻痹自己，但我们心里都清楚，生物学特性只会一定程度上对人的行为产生影响，大多数时候人们的拖延和基因关系并不大。不过 TH 基因和拖延倾向密切相关的研究结果，也证实了拖延并不等同于懒惰和自制力差，所以我们也无须为自己的拖延感到过分羞愧。

抛开生物学特性，导致拖延的原因其实更多是心理因素。2007 年，加拿大心理学家皮尔斯·斯蒂尔在对比研究 800 多项有关拖延的研究成果后，总结出四个最可能造成拖延的原因：一是对成功的信心不足；二是讨厌被别人委派任务；三是容易冲动、注意力分散；四是目标、回报过于遥远，缺乏动力。

我在写这篇文章前拖拉磨蹭了二十分钟才开始动笔，背后的原因其实就是对成功的信心不足，我一直怀疑自己这么一个"拖拉斯基"的人，到底能不能给同样深受拖延困扰的人一些实用的建议？担心自己的方法在大家身上并不见效，所以迟迟不敢下笔。

最后,如你所见,我开始了这篇文章的创作,那到底是什么让我最终付诸行动了呢?答案是:立刻行动,克服完美主义,这也是我想分享给你的第一个亲测有效的"战拖大法"。

一、立刻行动:完成比完美更重要

担心自己做不好无法达到预期,对自己即将付出的行动缺乏信心,或过度完美主义都会让我们把一件事无限期往后延,从而造成拖延。但所有事情只有做了才知道到底能不能做好,完成比完美更重要,而且很多事在完成过程中,甚至是完成后,我们都还可以不断去调整优化它。

就像写作,很多名家都有一个共识:好的文章不是写出来的,而是改出来的。也就是说,任何事情只有去做了,才有机会变好。

就拿眼下这篇文章来说,我现在也无法确定它最终会以何种面貌被你看到,不过可以肯定的是,如果上午我在拖延二十分钟后还不采取行动,而是选择继续拖延,那现在你看到的内容或许就不会存在了。

"干掉"拖延的第一要诀就是:别犹豫,立即行动!

对于那些早晚要做的事情,不要非拖到最后一刻才去做。我也知道"立刻执行"肯定是有难度的,包括我自己在创作这篇文章时也没做到"立刻执行",不过"立刻执行"的意识是可以通过不断训练培养的,我自己现在就处于实践训练阶段。在不断训练的过程中,我发现"两分钟原则"是一个能有效改变拖延习惯的小技巧。

"两分钟原则"是指凡是两分钟内能完成的事情,当下立刻去做。比如,起床后叠好被子,把脏衣服放进洗衣机或收纳篮,吃完饭后立刻收拾桌子等这些能两分钟完成的事,看到了就不要犹豫,立刻去做。

这些事情看起来虽然很小,但很容易让我们养成看到事情立刻去做的习惯,继而把遇事立刻行动和自己的潜意识深层绑定在一起,让"立刻行动"成为自己的下意识动作。

二、五秒法则:快速唤醒你的行动力

很多人都有这样的体会:每当想开始做一件事时,大脑总会自动冒出各种各样的理由来阻止我们马上行动。于是,我们不那么坚定的决心,很快就被动摇了。这种情况下有没有什么方法,能让人快速打消疑虑,立刻行动起来呢?

以我自己多年的"战拖"经验来看,最简单直接的方法是TED演讲者梅尔·罗宾斯提出的"五秒法则"。

什么是"五秒法则"?法如其名,当你对某个目标任务已经有了行动的想法但动力不足,或对自己该做的事犹豫不决时,可以倒数五个数5、4、3、2、1,当数到1的时候立刻去行动。

比如,晚上洗完澡你想看一会儿书,又突然想到正在追的电视剧更新了,于是开始纠结到底要不要看书,这时就可以在心里默念5、4、3、2、1,然后立马翻开一本书。"倒数五秒"让你战胜了一次享乐的欲望,看书的计划在打开书的一瞬间已经完成了一半。

"五秒法则"之所以奏效,是因为倒数这一动作会让人停下过度思考的脚步,把你从迟疑不决中解脱出来,让注意力集中在该做的事情上,从而促使行动发生。

看到这里,如果你正在犹豫要不要做点儿标注或笔记,那就不要纠结了,默念五个数5、4、3、2、1,然后打开你的笔记本或备忘录,把你想记的内容快速记下来吧!

三、戒掉整点强迫症,行动力加倍

不知道你有没有这种心理?特别迷恋整点、半点,喜欢把事情放在这些特殊时间点去做,似乎只有这样才能让事情有一个完美的开端。

比如早上明明已经醒了,躺在床上看了一下手机7:35,心想那我刷下微博,8:00再起床,结果一刷一个早上过去了;

中午计划好13:00出门,一看时间13:10分,马上决定13:30再出发;

下午打开电脑准备工作,看到右下角的时间显示14:25,心想再过五分钟再开始工作,然后一下就到下午三点多了;

晚上决定要早睡,看了下时间21:55,于是想那再玩五分钟吧,22:00再睡,玩了一会儿手机发现已经23:00了,又想既然都那么晚了,那干脆再玩会儿吧,明天再早睡……

我自己曾经也是这样一个"迷恋"整点、半点的人,这样做表面看起来似乎只是把时间往后延了几分钟,但无形中却浪费了很多时间,加剧了拖延。

后来,我采用了"以毒攻毒"的办法,将所有重要事项提醒都设置为开始前1~2分,然后在闹钟或提醒音响起后,马上开始行动或进入准备状态。

比如我准备早上7:30起床,那我不会把闹钟设置成7:25、7:20这些容易凑成整点、半点的时间,而是会设置为7:29、7:28,然后在听到闹钟响后,直接倒数五秒翻身起床。对于外出、工作这些需要提前准备的事情,我会确定好正式开始时间,然后提前10~30分钟做好准备。

听到闹钟立刻起床,计划中的事情提前准备,时刻做好行动准备,渐渐地,我就不再那么纠结事情是否在整点或半点启动了,如果你也有像我一样的困扰,可以试试这个办法。

四、"不重要打脸大法":让讨厌的事不再变得讨厌

现实中我们总会面对一些自己不喜欢但又不得不做的事情,这种情况下拖延就会愈加明显,有没有什么办法可以克服因自己不喜欢而导致的拖延呢?

面对自己不太想做又不得不做的事情,我一般会用"不重要打脸大法"来帮自己"战拖",从实践结果来看,这个方法大多时候都能起到立竿见影的效果。

"不重要打脸大法"就是当你不太想完成某些需要完成的事时,先不要急着给自己找理由,而是把内心台词变为"没关系,这些(主要侧重于结果)对我不重要"。

比如,当你不想复习时,你可以说"没关系,成绩对我来说不重要";当你上班不想早起时,你可以说"没关系,钱对我来说不重要"。说完"没关系,这些对我不重要"后,是不是会有一种打脸感?这时强烈的自尊心和羞耻感会驱使我们主动采取行动。

此外,动力不足也是造成拖延的重要原因,要解决因动力不足导致的拖延,最直接的办法就是提升动力。

如何提升动力呢?可以把重要但枯燥的任务和自己喜欢的事捆绑起来,以此削弱对不喜欢的事的抗拒,进而达到提升动力

的效果。

比如,告诉自己专注工作一个小时后可以吃一块巧克力;打扫完卫生后可以喝一杯奶茶等。

把喜欢的行为作为强化物去和不喜欢的行为进行绑定,以此刺激不喜欢的行为发生,这其实就是心理学上的普雷马克原理,不过要注意这个方法或许不是在每个人身上都能奏效。

五、普瑞马法则:先难后易,克服惰性

以上都是针对某一特定事项的"战拖"大法,如果想让自己日常保持高效不拖延,可以试试本书前面提到的"清单法"以及下面这个先难后易的普瑞马法则。

简单来说,普瑞马法则就是用先难后易、先苦后甜的做事顺序,改变自己日常的行为模式,以此抗击人的惰性因子和拖延习惯。

普瑞马法则的具体实施可以分为四步。

第一步:记录

用1~2天时间详细记录自己日常的学习、生活、工作行为。

第二步:剔除

把吃饭、睡觉等这些基本的生理行为从日常行为中剔除。

第三步：排序

将剩下的事情按照自己的喜好程度进行排序，最不喜欢、最不想做的事情排在第一，最想做的事情排在最后，以此类推。

第四步：执行

接下来每天从自己最不喜欢的事情做起，完成第一件事后再按顺序去完成之后的事情，直到最后完成自己最喜欢的事情。

都说万事开头难，普瑞马法则还把最难的事情放在了开头，所以在最初实践普瑞马法则时可能不会那么顺利，这时我们要调整好自己的心态，以"奔向热爱"的心态开启每一天，而不是用"远离痛苦"的思维开启生活。

写在后面的话

你看,这个冬天快过去了

亲爱的朋友,谢谢你看到了这里。

敲下最后这些文字时,距离我三十岁生日已经只有不到二十天了。上世纪九十年代出生的我,不可避免地来到了而立之年。

年少时,我对自己的三十岁充满了期待,并且不止一次设想过自己的三十岁。想象中,三十岁的我住在海边一间白色的小屋里,冬日和煦的阳光洒在白色的纱幔上,我正坐在壁炉前读一首散文诗,远处松软的沙滩上,一只浑身雪白的萨摩耶正在撒欢,而我已成为一名手握多个IP、坐拥百万版税的畅销书作家。

现实中我的三十岁呢?

我现居的小城四面环山,屋子里有一只呼呼作响的电暖炉。小城的冬日阳光依旧热烈,只是我不再喜欢白色的纱幔,我自然没能成为畅销书作家,好在我终于拥有自己人生的第一本书了。我依旧很想养一只白色的萨摩耶,不过你看,我那只黑色的小鹿犬正在追着阳光,它那灵动的模样真是可爱极了。

我终于长到了小时候期待的年纪，只是终究没能活成年少时自己期待的模样。

小时候总是期待长大，长大后却总喜欢回忆小时候。最近这两年，我发现自己愈发爱回忆过去的一些人和事，都说人一旦开始喜欢回忆过去，就说明已经老了。照镜子时，我发现镜中的自己确实有了一些变化，眼角有了轻微的细纹，脸颊的法令纹也明显了一些，脸蛋似乎也有点儿轻微发腮，肚子上的肉肉变得更难减少……

不过，这些变化倒没让我变得恐慌、焦虑，我似乎已经接受了人就是要自然老去的事实，但我依旧喜欢学院风、蓬蓬裙，这当然不是固执地和年龄对抗，也不是刻意营造"少女感"，仅仅是因为我喜欢，我觉得舒适。

我不再迷信世俗的眼光，听信别人说的现在的你应该怎么样，而是学着和自己对话，向内寻求答案。同时，我也热衷于不断向外探寻世界的更多面，对这个世界的多面有了自己独立的判断。

三十岁的我学会了接受自己的平凡，不再拼命去追赶那些永远赶不上的朝露星光，转而学会欣赏靠自己努力点亮的那一丝微弱亮点。我也不再去和同龄人攀比成长速度，学着按自己的节律去生长，然而我却发现在自己的节律里，成长速度似乎变得更快了。

接受了自己的平凡普通,和不算太好的自己握手言和,不再为容貌、年龄焦虑,把能量用在自己热爱的事情上,我很喜欢三十岁这个平和的自己。

如果再把时间往回调五年,你会看到一个焦虑不安的我。那大概是我最焦虑的一段时间,在工作上想努力做出点成绩,好向家人证明不考公、不考编我也能过得不错,也向更年轻的自己证明当初放弃读研是个明智的选择。那时的我眼睛总在盯着同龄人的脚步,生怕一不小心就落后于人,拼命追赶、努力攀登,忘记也顾不上停下来问问自己真正需要什么,所以在拼命追赶的过程中也走了不少弯路。

更要命的是,被"白幼瘦"畸形审美绑架的我,陷入了严重的身材焦虑。为了减肥,我尝试过很多极端的方法,浪费了不少金钱、精力,但效果都不是很理想,所以那时的我内心总是有一种强烈的负罪感,认为自己不够自律、不够漂亮、不够坚持,是个连身材都控制不好的彻头彻尾的失败者。

这就是二十四五岁的我,你那些焦虑、恐惧、不安我也有。如今站在三十岁的年纪,再回看二十多岁的自己,我并不觉得当时的她很糟糕,她的焦虑只不过是求好心切,又不得其法。

成长就是一个不断踩坑的过程,人生有些坑你不亲自去踩一踩,很难越得过去。

如果有机会为二十多岁的自己做些什么的话,我会抱抱她,然后告诉她:"没关系,勇敢去经历,未来的你还挺可爱的。"如果还能再为她做些什么的话,我希望可以给她一个"避坑指南",帮她越过那些可以不踩的坑。

给二十多岁自己的 10 条避坑指南

> 1. 减少情绪内耗,情绪内耗除了让你更焦虑、更不开心之外,不会给你提供任何成长价值;
> 2. 和自己和解,接受自己的平凡,正视自身局限,努力丰盈自己;
> 3. 不要总盯着别人在做什么,不要盲目跟风,活在自己的节奏里,不要被他人的焦虑所裹挟;
> 4. 不要一直拼命往前冲,停下来给自己留些思考的时间,多复盘、多总结;
> 5. 不要被世俗美丑的标准所定义,不要为了迎合别人的审美而虐待自己,把身体还给自己,变成自己喜欢的样子;
> 6. 不强迫式自律,它不会给你带来真正的自由,自驱才能真正自由;
> 7. 找到长板比补齐短板更重要,持续迭代精进自己,在自己擅长或热爱的领域出类拔萃,而后闪闪发光;
> 8. 知而未行,还是未知。事情只有做了才可能成功,不要总说我想怎么样,想好了马上行动;
> 9. 永远不停止学习,永远不放弃成长,没有人可以轻看你,除了你自己;
> 10. 最后,也是最重要的——成长路上,千万别把自己弄丢了

同时,也希望我的这些文字和经历可以带给你一些力量,让你重新收获成长的勇气,再次谢谢每个看到这里的你,陪着我完成了一趟难忘的旅程。行文至此,如果你和你的企业还有其他困惑,也欢迎随时找我聊聊。

我知道这本书有很多不足,在整本书的写作过程中,我一直

写写停停、修修改改,写了很多又删了很多,但就像我在书中说的一样,也许学会接受不完美才是真的成长。

写完最后这些文字时,距离我三十岁生日又近了一些。

十五六岁时向往三十岁,二十五六岁时惧怕三十岁,如今三十岁就在眼前了,我却对她没有执念了。我只知道,过完这个生日,又一个漫长的冬天就要过去了,然后雾尽风暖,杨柳新绿,春来了。